北京市属高等学校创新团队建设与教师职业发展计划项目资助 （项目编号：IDHT20140509）

The Project of Construction of Innovative Teams and Teacher Career Development for Universities and Colleges Under Beijing Municipality （No. IDHT20140509）

U0238311

板栗良种引种
及配套栽培技术

秦 岭 等 编著

中国农业出版社

图书在版编目（CIP）数据

板栗良种引种及配套栽培技术 / 秦岭等编著 . —北京：中国农业出版社，2016.4（2016.12 重印）
ISBN 978 - 7 - 109 - 21639 - 6

Ⅰ.①板… Ⅱ.①秦… Ⅲ.①板栗-良种繁育②板栗-栽培技术 Ⅳ.①S664.2

中国版本图书馆 CIP 数据核字（2016）第 091552 号

中国农业出版社出版
（北京市朝阳区麦子店街 18 号楼）
（邮政编码 100125）
策划编辑 黄 宇
文字编辑 王玉水

中国农业出版社印刷厂印刷 新华书店北京发行所发行
2016 年 4 月第 1 版 2016 年 12 月北京第 2 次印刷

开本：850mm×1168mm 1/32 印张：6.25 插页：4
字数：146 千字
定价：18.00 元
（凡本版图书出现印刷、装订错误，请向出版社发行部调换）

编 著 者

秦　岭　姜奕晨

张　卿　曹庆芹

前　言

人类利用栗属植物有几千年的历史，栗属植物曾对亚洲、欧洲和北美洲的人类历史起过重要作用。由于栗属植物具有连年结实的稳定性，所以栗果是亚洲、欧洲、北美洲先祖在农业社会以前采集的主要食物来源之一，在中国、日本、法国、意大利、西班牙和葡萄牙的许多区域，栗果是主要的食物来源。中国利用栗属植物的历史最长，西安半坡遗址中发掘的大量碳化的栗实，证明远在6 000年前栗实已作为食物被利用。

板栗是我国传统的特色坚果，素有"木本粮油"和"铁秆庄稼"之称，栽培历史悠久。种栗树自古收益颇丰，《史记》中有"燕秦千栗树，以其人与千户侯等"，说明当时种栗树的收入与千户侯相当。近些年来，随着山区的开发建设，板栗已成为农民致富的重要经济树种。

栗实为坚果，可食用部分为种子的肥厚子叶，鲜栗含水量50%～70%，干物质中含淀粉50%～65%，总糖10%～25%，蛋白质6%～12%，在蛋白质中总氨基酸为7.07%，含有人体不能自己合成的多种氨基酸，赖氨酸0.37%，蛋氨酸0.1%，苏氨酸0.29%，亮氨酸0.49%，异亮氨酸 0.29%，苯丙氨酸 0.33%，缬氨酸 0.36%，组氨酸 0.18%。此外，栗实还含有一定的钙（588～737 mg/kg）、磷（0.04%～0.12%）、铁（9.6%～13.6%）等矿质营养以及胡萝卜素、维生素 B_1、维生素 B_2、维生素 C 等营养物质。栗实是高热量、低脂肪、蛋白质丰富、不含胆固醇的健康食品。

板栗除可用于炒食、烧菜等熟食外，还可加工成栗子罐头、栗子羹、栗子脯、栗子粉。栗子粉是高档淀粉，可以代替主粮食用，可制成高级糕点。

"糖炒栗子"始于元代，吃起来余香满口，回味无穷，被人们称为"灌香糖"。有诗为证："堆盘栗子炒深黄，客到长谈索酒尝。寒火三更灯半炧，门前高喊'灌香糖'"。据记载，清代慈禧为了延年益寿，经常食用栗子面窝头。《红楼梦》里的贾府常年备有栗子。袭人连宫里赐出的糖蒸酥酪都不理会，而说："多谢费心，……我只想风干栗子吃"，让贾宝玉给她剥栗子吃。《清异录》中记载有一件轶事：晋朝皇帝一次穷追敌寇时，军粮供应不上，将士三日粒米未进，士气大落。行至燕山滦水之东，见满山板栗，便命军士蒸栗为食，借以饱腹。于是士气大振，大败敌兵。由此，将士们称栗子为"河东饭"。宋代陆游有诗云："齿根浮动叹我老，山栗炮燔疗夜饥。"

栗子生食或以猪肾煮粥，用于肾气虚亏、腰脚无力的食疗。栗子炒食或煨熟食，或与山药、莲子、芡实、麦芽配食，可用于食疗脾胃虚弱、腹泻或便血。中医药书《名医别录》（梁·陶弘景辑）中说：板栗味甘、性温、归脾、补肾。据《名医别录》记载，有人患脚弱病症，经栗树下食栗数升，便能起行。宋朝苏东坡之弟苏辙有诗云："老去自添腰脚病，山翁服栗旧方传，客来为说晨兴晚，三咽徐收白玉浆。"《本草纲目》记载"栗，厚肠胃，补肾气，令人耐饥"，还记载了栗子粥的做法和功用。栗子对腰脚软弱、胃气不足、肠鸣泄泻等有显著疗效，能补肾强腰、补脾益胃、收涩止泻。

板栗木质坚硬，纹理通直，比重0.67，木材耐湿防腐，可做枪托、船舵、车轮、桥板、枕木、乐器等，还是良好的工艺雕刻材料。原木可培养栗蘑食用菌，树皮、枝叶和总苞富含单宁，是良好的烤胶材料；叶可饲养樟蚕和柞蚕；花是蜜源，雄花序燃烧可驱蚊虫。

板栗是良好的涵养水源树种和用材林树种。栗树对大气中的有毒气体抗性较强，并能净化空气。因此板栗是改善环境的树种。

改革开放以后，特别是国家实施退耕还林政策以后，我国板栗事业的发展蒸蒸日上。2010年以来，世界板栗年产量一直维持在200万t左右，而中国板栗产量就占80%左右。但是由于板栗多为山地种植，良种普及率及集约化管理水平不高，其单位面积产量较低。为了提高板栗产量和品质，丰富加工品种种类，增加产品附加值，促进板栗产业发展，我们结合近几年的科研成果与工作实践，根据国内有关研究成果资料编写了《板栗良种引种及配套栽培技术》一书，为板栗研究人员及板栗种植者提供理论依据。

编著者

目 录

前言

第一章 良种引种在板栗生产中的重要性 ················ 1

一、板栗产销现状及发展趋向 ······················· 1

二、世界栗品种结构 ······························· 3

三、板栗良种引种的意义与作用 ····················· 4

第二章 板栗良种的标准及良种苗木的鉴定与识别 ······ 7

一、板栗良种标准 ································· 7

二、欧洲栗的选种标准 ····························· 9

三、板栗良种苗木的鉴定与识别 ··················· 10

第三章 板栗良种引种原则和引种方法 ··············· 12

一、引种原则 ···································· 12

二、引种方法及注意事项 ························· 16

第四章 栗属植物的主要种类与品种生态群 ··········· 21

一、栗属植物的主要种类 ························· 21

二、板栗的生态适应性 ··························· 24

三、板栗的生态区划 ····························· 26

第五章　北方板栗品种 ……………………………… 32

一、燕山红栗 ………………………………………… 32

二、燕昌栗 …………………………………………… 34

三、燕丰栗 …………………………………………… 35

四、银丰（下庄 2 号） ……………………………… 36

五、怀九 ……………………………………………… 38

六、怀黄 ……………………………………………… 39

七、北峪 2 号 ………………………………………… 39

八、燕山魁栗 ………………………………………… 41

九、燕山短枝 ………………………………………… 42

十、遵化短刺 ………………………………………… 43

十一、替码珍珠 ……………………………………… 44

十二、燕山早丰 ……………………………………… 46

十三、大板红 ………………………………………… 47

十四、东陵明珠 ……………………………………… 47

十五、遵达栗 ………………………………………… 48

十六、塔丰 …………………………………………… 49

十七、燕明 …………………………………………… 49

十八、京暑红 ………………………………………… 50

十九、短花云丰 ……………………………………… 52

二十、沂蒙短枝 ……………………………………… 53

二十一、怀丰 ………………………………………… 55

二十二、燕金 ………………………………………… 56

二十三、怀香 ………………………………………… 58

二十四、泰安薄壳 …………………………………… 59

二十五、燕兴 ………………………………………… 61

二十六、良乡 1 号 …………………………………… 62

二十七、烟泉 ………………………………………… 64

二十八、林冠 …………………………………………………… 65

二十九、华丰 …………………………………………………… 67

三十、华光 ……………………………………………………… 68

三十一、东岳早丰 ……………………………………………… 69

三十二、徂短 …………………………………………………… 70

三十三、红光 …………………………………………………… 72

三十四、东丰 …………………………………………………… 72

三十五、金丰 …………………………………………………… 73

三十六、石丰 …………………………………………………… 74

三十七、清丰 …………………………………………………… 75

三十八、玉丰 …………………………………………………… 76

三十九、上丰 …………………………………………………… 76

四十、山东红栗 ………………………………………………… 77

四十一、燕光（2399） ………………………………………… 78

四十二、燕奎 …………………………………………………… 80

四十三、泰林 2 号 ……………………………………………… 81

四十四、东王明栗 ……………………………………………… 83

四十五、燕晶 …………………………………………………… 85

四十六、燕金 …………………………………………………… 86

四十七、黄棚 …………………………………………………… 87

四十八、燕明 …………………………………………………… 88

四十九、黑山寨 7 号 …………………………………………… 89

五十、燕龙 ……………………………………………………… 90

五十一、柞板 11 ………………………………………………… 91

五十二、柞板 14 ………………………………………………… 91

五十三、林宝 …………………………………………………… 92

五十四、岱岳早丰 ……………………………………………… 93

五十五、蓝田红明栗 …………………………………………… 95

第六章　南方板栗品种 …………………………… 97

一、安徽大红袍 …………………………………… 97

二、粘底板 ………………………………………… 97

三、安徽处暑红 …………………………………… 98

四、节节红 ………………………………………… 99

五、九家种 ………………………………………… 101

六、大底青 ………………………………………… 101

七、薄壳油栗 ……………………………………… 102

八、青毛软刺 ……………………………………… 103

九、短毛焦刺 ……………………………………… 104

十、八月红 ………………………………………… 104

十一、上虞魁栗 …………………………………… 106

十二、毛板红 ……………………………………… 107

十三、早香 1 号 …………………………………… 108

十四、浙早 1 号和浙江 2 号 ……………………… 109

十五、江山 1 号 …………………………………… 111

十六、永荆 3 号 …………………………………… 111

十七、双季板栗 …………………………………… 113

十八、桐选 13 号 ………………………………… 114

十九、桐选 32 号 ………………………………… 115

二十、它栗 ………………………………………… 116

二十一、靖州大油栗 ……………………………… 117

二十二、檀桥板栗 ………………………………… 118

二十三、罗田中迟栗 ……………………………… 119

二十四、湖北大红袍 ……………………………… 120

二十五、薄壳大油栗 ……………………………… 120

二十六、浅刺大板栗 ……………………………… 121

二十七、罗田早熟栗 ……………………………… 121

二十八、桂花栗 ·· 122

二十九、沙地油栗 ·· 122

三十、优系 JW2809 ·· 124

三十一、云腰 ·· 125

三十二、云早 ·· 127

三十三、云红 ·· 128

三十四、云丰 ·· 130

三十五、云雄 ·· 130

三十六、云良 ·· 132

三十七、云珍 ·· 133

三十八、云夏 ·· 135

三十九、农大 1 号 ·· 137

四十、玫瑰红 ·· 139

四十一、乌壳栗 ·· 141

第七章 丹东栗与日本栗品种 ······························· 142

一、优系"9602" ·· 142

二、沙早 1 号 ·· 144

三、大峰 ··· 145

四、辽栗 10 号 ·· 146

五、丹泽 ··· 147

六、高城 ··· 148

七、土 60 号 ·· 148

八、中日 1 号 ·· 149

九、筑波 ··· 150

十、银寄 ··· 151

十一、国见 ·· 152

十二、利平栗 ·· 152

十三、晚赤 ·· 153

第八章　引种栽培的主要技术 ……………… 154

一、砧木苗的培育 ……………… 154

二、引用接穗的处理与嫁接 ……………… 156

三、引种幼苗栽植与管理 ……………… 161

四、板栗幼树的整形与修剪 ……………… 163

五、引种日本栗的主要栽培要点 ……………… 166

第九章　与引种关系密切的主要病虫害及防治 ……… 168

一、主要病害 ……………… 168

二、主要虫害 ……………… 174

第一章
良种引种在板栗生产中的重要性

板栗（*Castanea mollissima* Bl.）是我国的重要干果之一，是出口创汇的传统产品。中国板栗在我国分布多达 26 个省（自治区、直辖市），其中作为经济栽培的就有 22 个省（自治区、直辖市）。

板栗起源于中国，是我国最古老和驯化栽培最早的果树树种之一，在我国分布十分广泛，南至北纬 18°30′的海南省保亭黎族苗族自治县，北至北纬 43°55′的吉林永吉马鞍山，南北纬度差距达 25°，西至雅鲁藏布江河谷，东至台湾省，跨越寒温带、温带、亚热带；其垂直分布从海拔尚不足 50 m 的山东郯城及江苏新沂、沭阳等地至海拔高达 2 800 m 的云南维西。

一、板栗产销现状及发展趋向

2013 年世界栗产量 200.95 万 t，结果树面积 55.25 万 hm²。中国 2013 年板栗产量 165 万 t，占世界总产量的 82.1%，排名第一位。产量排第二、三位的国家是韩国和土耳其（表 1-1）。

世界栗的进出口贸易活跃。2013 年进口量 124 397 t，进口额 361 137 000 美元，出口量 125 094 t，出口额 383 442 000

表 1-1 世界栗产量与采摘面积（2013 年）

国　　家	产量（t）	采摘面积（hm²）
世界	2 009 478	552 478
中国	1 650 000	305 000
韩国	67 902	33 073
土耳其	60 019	39 180
玻利维亚	58 666	42 180
意大利	49 459	21 867
希腊	29 900	7 000
葡萄牙	24 700	35 200
日本	21 000	20 600
西班牙	17 200	31 000
法国	9 209	7 672

数据来源：联合国粮农组织 2013 年发布的数据（www. FAO. org）。

美元（表 1-2）。出口量最大的国家是中国，平均年出口量为 39 120 t，平均每吨 2 170.55 美元；其次是意大利，年出口量 14 148 t，出口价每吨 5 709.92 美元，是出口价最高的国家；第三位的是韩国，出口量 12 285 t，平均每吨出口价 2 472 美元，意大利和韩国大部分栗以初加工产品进行出口，产品附加值高，中国板栗虽然出口量大，但主要以原材料出口，价格相对低。进口栗的主要国家是日本和法国，日本年进口栗 10 483 t，平均每吨进口价 4 911.95 美元，法国年进口 7 609 t，平均每吨进口价 2 328.03 美元。

表 1-2　世界各洲栗的进出口量与进出口额

	进口量（t）	进口额（美元）	出口量（t）	出口额（美元）
世界	124 397	361 137 000	125 094	383 442 000
亚洲	49 710	123 619 000	58 844	138 500 000
欧洲	65 302	208 465 000	63 468	241 343 000
美洲	7 719	26 996 000	2 618	3 402 000
非洲	1 651	1 942 000	145	147 000
大洋洲	15	115 000	19	50 000

数据来源：联合国粮农组织 2013 年发布的数据（www. FAO. org）。

二、世界栗品种结构

世界栗产业主要构成是中国板栗、欧洲栗和日本栗。中国板栗占总产量的 52% 以上；欧洲栗 32 万 t，占 36%；日本栗16 万 t，占 18%；杂种栗 4 万 t，占 4%。

中国板栗品种构成：中国板栗品种约有 300 个，根据生态气候特点和园艺特性分为 6 个品种群，每个品种群的主栽品种5～10 个。华北品种群的主栽品种为燕山红栗、燕山短枝、燕奎、早丰等；长江流域品种群的主栽品种为九家种、青扎、焦扎、大红袍、浅刺大板栗等；华南品种群的主栽品种有大红袍、中果红皮栗、广西油栗等；西南品种群主要有它栗、双季栗等；西北品种群主栽品种为明拣栗、灰拣栗、镇安大板栗等；东北品种群主要品种以日本栗系统的丹东栗为主。

欧洲栗品种构成：欧洲各国的栽培栗主要是欧洲栗及欧日杂种栗。意大利有 40 个品种（品系），主栽品种为 Marroni。土耳其 120 株系，24 个品系，13 个品种。西班牙 149 个品种。葡萄牙约 25 个品种。法国 30～40 个品种，主栽品种有 8 个，构成总产量的 40%。传统品种有 Comballe，Bourre，Montague，Bouche，Rouge 等，各品种产量 500 t；新品种 Mari-goule，Precoce，Migoule，Bournette，Bouche de Betizac，各品种产量 300～800 t。

日本栗品种构成：日本栗的品种约 100 个，总栽培面积 26 425 hm^2，商业主栽品种 10 个，占总生产量的 88%，主栽品种为筑波和丹泽，分别占总栽培面积的 30% 和 17%，其他品种依次为银寄占 15%，石锤占 6%，国见占 5%，利平栗占 5%，岸根占 3%，有磨占 3%，伊吹占 2%。

三、板栗良种引种的意义与作用

1. 栗属植物引种的意义和作用 栗属（*Castanea*）植物是壳斗科植物中重要的经济作物和森林树种。栗属植物有 7 种，广泛分布于北半球温带的广阔地域。分布于亚洲 4 种，中国板栗（*C. mollissima* Bl.）、茅栗（*C. seguinii* Dode）和锥栗（*C. henryi* Rehd. et Wils.）分布于中国大陆；日本栗（*C. crenata* Sieb. et Zucc.）分布于日本及朝鲜半岛。分布于北美洲的有 2 种：美洲栗（*C. detata* Borkh）和美洲榛果栗（*C. pumila*）。欧洲大陆分布仅 1 种：欧洲栗（*C. sativa* Mill.）。栗属植物均为二倍体，2n＝2x＝24，种间可以互相杂交（Jaynes，1975）。在栗属植物中，以食用为目的的商业化栽培主要是中国板栗、欧洲栗和日本栗，其他栗种仅有少量人工栽培利用，或作为植物育种材料用于品种改良。

中国板栗在栗属植物中占有重要的地位，其素以品质优良、抗病、抗虫、适应性强和资源丰富著称于世。板栗起源于中国，栽培历史悠久，在长期的系统发育和进化过程中，由于板栗属于异花授粉植物、长期实生繁殖、栗属植物种间可以杂交，以及板栗分布地区复杂的生态地理条件的差异，形成了丰富的板栗资源，有着丰富的遗传多样性。

中国板栗是世界各国进行食用栗品种改良的重要基因来源。日本利用中国板栗涩皮容易剥离并且是显性基因遗传的特点，进行日本栗品质的改良，培育出涩皮相对易剥离的品种。

中国板栗是世界抗病育种的重要种质资源，作为杂交亲本用于美洲栗抗栗疫病、欧洲栗抗墨水病。特别是 20 世纪以来，美国的植物育种学家为恢复和再建因 19 世纪初栗疫病传入北美而濒临灭绝的美洲栗，多次引种中国板栗，使中国板栗作为抗栗疫病基因种质的价值日益受到重视。美国农业部（US-DA）的美洲栗抗栗疫病育种计划曾于 1912—1917 年和 1922—1938 年两次从中国大规模引种中国板栗，并于 1910—1950 年以中国板栗为亲本与美洲栗杂交获得大量杂交组合。由于没有得到既抗病又具有直立高大树形的美洲栗，育种计划被迫于 1960 年放弃，以后为挽救美洲栗的努力一度陷入低谷。至 20 世纪 80 年代初，Burnham 等严格评价了美国从 20 世纪初以来在抗栗疫病育种上的全部工作，提出了采用回交育种方法来再造美洲栗重返大自然的育种计划。Burnham 的新育种方案主要基于两个理论上的假设：①中国板栗具有抗栗疫病基因，并且至少部分呈显性；②栗疫病抗性是质量性状，即受二基因控制。Burnham 的再造美洲栗新计划从 80 年代初开始由美洲栗基金会主持研究并充分利用了以前育种计划中遗留的 F_2、BC_1 的植株，已进入回交 BC_3 代并取得了显著的成果。再造美洲栗重返大自然的育种基础是利用中国板栗的抗病基因。能否成功地挽救美洲栗的重要环节之一是，选择最具抗栗疫病的中国板栗并成功地用于再造美洲栗的回交计划中。

中国板栗是抗虫育种的重要资源。目前栗瘿蜂对世界食用栗产业的威胁日益增大，被认为是继栗疫病之后的第二大世界性灾害。虽然至今未发现对栗瘿蜂完全抗性的栗属资源，但在中国板栗中发现了对栗瘿蜂具有较高耐性的品种，中国板栗为栗瘿蜂抗虫育种提供了新的希望。

我国分布的栗属植物除板栗外，尚有茅栗和锥栗。茅栗具有成串开花结果的习性，锥栗加工性状优良，这些资源的利用均有利于生产应用和培育新品种。

2. 栗属植物引种的现状　在栗属植物中，中国板栗引种到其他国家主要用于食用栗品种改良、抗病基因及抗疫病基因的获得和栗瘿蜂抗虫育种。我国引进的栗属植物主要有日本栗和欧洲栗。日本栗和欧洲栗的加工性状优于板栗，目前，广东等地引进有日本栗，生产后的栗实再销回日本。日本栗在我国主要板栗地区引种很少，主要原因是日本栗的涩皮不易剥离，并有花粉直感作用，有研究表明日本栗品种为授粉树，中国板栗品种当年结的栗果表现为涩皮不易剥离。由于欧洲栗的墨水病与栗疫病问题，中国极少引种欧洲栗，且仅限于研究之用。美洲栗是北美洲的森林树种，另外，由于其检疫病——栗疫病严重，没有美洲栗的引进。

我国板栗的引种工作开展相对较晚，由于品种生态群的差异、对产品认可情况的差异和消费方式的不同，总的情况是，南方大部分品种果实较大，用于菜用等加工，北方栗小，主要用于炒食。所以，南方与北方板栗之交流较少，而形成南方栽培地区品种互相交流、北方栽培地区品种互相交流的状况。相似生态区品种的交流对促进新品种的推广应用、促进板栗产业的发展起到了重要作用。

随着近些年板栗种植的迅速发展，板栗苗木之间交流开始广泛起来，虽然解决了生产中的问题，但由于苗木检疫制度不完善，也存在一些问题，值得今后引种工作中注意。

第二章
板栗良种的标准及良种苗木的鉴定与识别

一、板栗良种标准

1. 良种栗树标准 栗树低产不稳产是各地栗树生产普遍而比较突出的问题，在实生繁殖的产区尤为严重。我国栗树低产不稳产的原因除栽培管理粗放外，品种丰产稳产性较差，植株个体间差异大，低产树比率高是很重要的因素。因此一个高产稳产品种，应具备若干优良的性状和特性，包括以下几方面：

（1）发枝力强 栗树丰产的重要因素是能够大量发育健壮的新梢，这些新梢能产生大量的混合芽，翌年抽生结果枝结果或抽生比较健壮的新梢成为下一年的结果母枝。决定品种发枝力强弱的原因之一是枝上盲节的比率，盲节的比率越大则发枝力越低。良种栗树要求每一结果母枝，平均抽生 4 条以上健壮新梢，其中结果枝不少于 50%。

（2）雌花多雄花少 一般栗树的雌雄花比例高达 1∶1 000以上，实际上并不需要这么大量的雄花，而且雄花多还易消耗树体养分，因此雌花比例高或者雄花序退化或早期脱落是一个丰产性状。如山东的丰产品种无花栗就属于雄花序早期退化的类型。良种栗树除要求雌花比例高以外，还要求每一结果枝上的混合花序不少于 2 条，有 4 个以上发育的总苞（栗蓬、栗蒲、球果）。

（3）**每苞果数** 总苞内果实数量是影响丰产的重要因素之一，三果蓬比率高是丰产性状；反之，单果蓬特别是空蓬多，就会降低产量。实生栗树中有栗蓬累累满树，但几乎都是空蓬的所谓"公树"或"哑子树"。良种栗树要求平均每苞果数达2.5个以上。

（4）**出籽率** 出籽率即栗果占整个栗蓬重的百分率。通常总苞大而苞壳薄、果实多或果实重、栗蓬轻，出实率就高。良种栗树要求总苞针刺短而稀，出籽率45%以上。

（5）**早果性** 早实丰产是良种的标志之一，不同的品种在相同的环境条件下，早果性和产量相差悬殊。栗树早实丰产性与某些形态特征有一定的相关。凡幼树营养生长势过强、主枝分生角度小、母枝抽生新枝数少、果实成熟晚、早果性差的品种早实丰产性较差。良种栗树要求进入结果期早，并具有早期丰产的特性，5年生幼树即可达到每公顷产量3 750 kg。

（6）**稳产性好** 栗树的稳产性主要决定于结果枝连续结果能力的强弱，稳产品种多数结果枝能在结果的同时发育比较充实饱满的混合芽，来年连续抽生新的结果枝结果。通常用连续结果3年以上的结果母枝占比来表示品种的稳产性。良种栗树要求连续结果3年以上的母枝不低于50%。

（7）**抗病虫能力强** 我国栽培的板栗，从它的广泛分布可知它是一个适应性和抗逆性极强的树种，但在抗栗疫病（*Cryphonectria parasitica*）和抗栗瘿蜂（*Dryocosmus kuriphilus*）上，品种间及实生单株间有显著差异。良种栗树要求树体有良好的抗病抗虫能力。

2. 良种果实标准 板栗主要产区集中在黄河流域的华北、西北及长江流域各省（自治区、直辖市），这两个产区的产量约占全国板栗总产的70%以上，以此构成以这些产区为代表的北方栗和南方栗。由于不同区域栗果特点不同，用途不同，所以对坚果的品质要求也有所不同。

（1）果实大小及外观

北方栗：多为小果型，适于炒食。良种栗树要求果实大小适中、均匀整齐，每千克80～130粒，色泽鲜艳，茸毛少，果皮富有光泽。

南方栗：大果型较多，适于菜用或粮用。良种栗树要求果实较大、均匀，每千克不多于80粒。

（2）涩皮剥离难易　良种栗树要求栗果经加热处理，涩皮容易剥离。

（3）可食率　栗果包括果壳、涩皮和种仁。由于品种类型间果壳和涩皮厚度不同，果实可食部分比率也有差异。良种栗树要求栗果果壳、涩皮薄，可食率达85%以上，种仁饱满。

（4）养分含量

① 淀粉。一般菜用及粮用品种要求淀粉含量不少于60%，炒食品种要求支链淀粉比例高、质地细腻、糯性强。

② 糖分。种仁中糖分含量与淀粉含量常呈一定的负相关。炒食品种要求糖分含量不低于20%，香甜可口，风味好。

③ 其他营养成分。良种栗树要求种仁蛋白质含量高，种仁呈橙黄色，胡萝卜素含量高。

二、欧洲栗的选种标准

在品种的选育和改良方面，各国都制定了相应的选种指标，不同的国家和地区，甚至同一国家的不同地区，选种的指标不同。较为系统的欧洲栗选种指标依据品种的表现进行打分。

结果性能（15分）：高10分，较高7分，中等4分，低1分。

栗数/苞（10分）：每苞平均2.5～3粒为10分，平均

1.5～2.4 粒为 6 分，1～1.4 粒计 3 分。

对果面的考核指标主要有果面颜色、果面的光泽、果皮的厚度。

颜色（10 分）：典型栗褐色 10 分，略暗 7 分，浅褐 4 分，暗褐 1 分。

亮度（5 分）：果面亮 5 分，灰 4 分，果面有茸毛 1 分。

厚度（5 分）：果皮厚应为 0.42～0.61 mm。

果重（栗数/kg）（15 分）：每千克低于 55 粒为 10 分，56～65 粒计 8 分，66～85 粒计 6 分，68～100 粒计 3 分。

果肉颜色（10 分）：浅奶油色 10 分，奶油色 7 分，暗奶油色 1 分。

内果皮（10 分）：涩皮易剥离，涩皮凹入小于 1 mm 计 10 分；涩皮较易剥离，涩皮凹入 2.0～3.0 mm 计 7 分；涩皮难剥离，涩皮凹入深达 4 mm 以上计 1 分。

成熟期（10 分）：特早熟为 10 分，早熟计 7 分，中熟为 5 分，晚熟 3 分，极晚熟 1 分。

风味（10 分）：根据风味好坏依次计为 10 分、7 分、4 分和 1 分。

三、板栗良种苗木的鉴定与识别

1. 优良苗木的标准　合格的板栗嫁接苗要求品种纯正、健壮、枝条充实、芽体饱满，具有一定的株高和地径粗度。要求根系发达，须根多，断根少。无病虫害，无机械损伤，嫁接部位愈合良好。各地一级板栗嫁接苗（2 年生）苗木规格大体为：

根系：侧根 3 条以上，侧根长 20 cm 以上，直径 0.6 cm 以上；

茎：直径 2 cm 以上，高 1 m 以上；

芽：顶芽全部充实成活；

接口：愈合良好。

2. 栗疫病的识别　板栗种子、苗木和接穗的检疫对象为栗疫病。引进苗木时首先调查引进地是否有检疫病虫害。栗疫病是一种毁灭性病害，危害板栗主、侧枝及主干，引起烂皮、溃疡，造成整个枝条甚至全株枯死。有三种症状较为典型：①长椭圆形或不规则形，露出木质部，木质部边缘形成愈伤组织；②韧皮部纵裂，并不露出木质部；③环状增粗。发现有检疫对象的苗木，按植保部门要求妥善处理。

第三章
板栗良种引种原则和引种方法

一、引种原则

对于板栗品种适应范围的研究，最直接也是最客观的方法是把它们引入有关地区栽种。观察它们对当地气候、土壤等生态因子，特别是不良条件的适应性以及在新的条件下产量、品质、结果时期等经济性状的表现，从而确定其适应范围和引种价值。但是世界范围的板栗品种类型是极其复杂多样的，为了完成一定的引种任务，不可能也不必要进行盲目的、包罗万象的引种。特别对于板栗这样多年生、占地面积大的植物来说，引入类型过多，从育苗、定植一直到开花、结果对任何单位来说都是难以胜任的负担。因此，在引种工作之初，就需要对引入材料进行慎重的选择。

1. 引种材料的选择 选择引入材料的原则主要有两方面：一是对引入材料经济性状的要求；二是引入材料对当地风土条件适应的可能性。也就是根据当地的生态条件和生产上对品种性状的要求，确定引进材料的类型。

客观分析引种材料适应的可能性，应该建立在对引种地区农业气候土壤资源和树种或品种群（生态型）对气候土壤等条件要求的系统比较研究基础上的。其中农业气候鉴定是最重要的方面。它主要包括：①生长期及其不同发育期内热和光资源的鉴定；②同时期内土壤和大气的湿度、水分供应条件的鉴定；③越冬条件的鉴定。由于目前关于品种的系统农业生物学特性研究非常薄弱，因此现在引种工作中很难采用。我们总结了前人在引种实践中的一些经验，归纳成以下几点，作为选择引种材料的参考依据。

① 从当地综合生态因子中找到对某一树种或品种类型适应性影响最大的主要因子，作为估计适应性的重要依据。

一般影响果树生长发育和适应性的诸多生态因子中，最重要的是温度因子。而温度条件在一定的范围以内是随着纬度和海拔高度的变化而发生规律性的变化的。纬度越高气温越低，随着海拔的升高气温逐渐降低，一个树种的分布常常有它在纬度和海拔上的分布范围。

② 研究引入树种或品种类型的原产地及分布界限，估计它们的适应范围，或者对比原产地或分布范围和引种地的主要农业气候指标，从而估计引种适应的可能性。这是因为板栗种类、品种的遗传性适应范围和它们原产地的气候、土壤环境有着密切的关系。

此外，从国外引种时，必须考虑我国的气候特点。我国地处欧亚大陆的东南部，由于冬季寒流频繁，与地球上同纬度的地区相比较，我国冬季温度显著偏低。

③ 考察板栗树种中心产区和引种方向之间的关系。板栗中心产区集中在黄河流域的华北、西北和长江流域各省（自治区、直辖市），以此形成北方栗和南方栗两大种群。因此北方栗在华北和西北各省（自治区、直辖市）（向心）相互引种，适应的可能性要大于向长江流域以南地区（离心）的引种。相反南方栗向华北、西北引种适应的可能性要小于长江流域以南各省（自治区、直辖市）。所以向心方向的引种有时甚至可以简化或免除引种试验，把外地品种直接用于生产。

④ 参考适应性相近的种类、品种在本地区的适应性情况。引入树种或品种在原产地或现有分布范围内常常和一些其他树

种品种一起生长，常常表现出对共同条件的相似适应性。因此可以通过其他种类、品种在引种地区表现的适应性来估计引入树种或品种的适应可能性。

⑤ 从病虫害及灾害经常发生的地区引入抗性品种类型。某些病虫害和自然灾害经常发生的地区，在长期自然选择和人工选择的影响下，常常形成对这些因素具有抗性的品种类型。

⑥ 调查了解当地现有板栗品种的优缺点，在今后生产发展时阻碍生产力发展的主要问题是什么，然后确定需要引进什么样的品种类型。

⑦ 重视前人在当地或相近地区引种实践的经验教训，作为分析适应可能性的借鉴。我国各地群众长期以来就广泛地开展民间引种活动。常常是果农和果树爱好者在搬迁或串亲访友的过程中引入少量果树种类、品种，华侨归国或外国侨民携带少量繁殖材料种植于庭院中。其中不适应的逐渐淘汰，表现较好的则保存下来以至逐渐繁殖为生产所采用。特别是新中国成立以来，农业院校、科研部门和一些地方都曾开展过较大规模的引种工作。在引入的种类、品种中有些能够适应或基本适应，有些不能适应而被淘汰。我们在开展板栗引种工作时应仔细了解去本地或相近地区曾经引进的种类品种，引种的方法和引入后的表现，总结成败得失，可以使进一步的引种工作少走弯路。

综上所述，在引种材料的选择上必须有明确的目的性，必须对引种材料对当地适应的可能性有比较充分的分析和估计，防止包罗万象、贪大求全、盲目乱引。

2. 确定引种的范围 品种的地区适应性，首先决定于自然条件，特别是气候因素（温度、光照、雨量）。它对植物的特征、特性的形成和生长发育都有重要影响。如果引种地和原产地的气候条件相似，引种就容易成功。

与引种关系密切的生态因子主要有以下几个：

（1）温度　适于板栗生长的年平均温度为 10～15 ℃，4～10 月的气温为 16～20 ℃。但对低温的适应能力不同种间和品种间有所差异，中国栗能抗－30 ℃的低温，而日本栗为－15 ℃。总的看来板栗既抗寒又耐热，其适应性和抗逆性较强，引种的范围很广。温度和板栗果实的发育关系密切，在温度偏低的北方要注意所引品种的成熟期，晚熟品种会由于热量不足而难于成熟。在绝对低温超过－30 ℃的地区，则不能采用简单引种（即苗木、接穗引种），而要通过实生驯化（即种子引种）。

（2）光照　板栗为阳性树种，要求光照良好，最忌荫蔽，对光十分敏感。日照不足不仅造成生理落果，严重时甚至枝条枯死。所以选择引种地应注意光照问题。

（3）雨量　雨量不影响栗树的分布，而影响板栗果实的产量和品质。从我国北方年降水量 500～600 mm 到 1 000 多 mm 的长江流域地区以及我国南方年降水量达 1 500 mm 左右地区，均能栽培板栗，但品质以北方的较好，南方较差。北方品种喜干燥，南方品种比较耐涝，但都忌排水不良的涝洼地，并要求在花期和果实成熟期雨水要少，否则影响授粉和造成裂果，使品质下降。

（4）土壤　板栗喜微酸性土壤，其范围大体在 pH 4.8～7.0，板栗在碱性土壤里，易患缺锰症，同时不利于菌根的生长。引种时土壤条件尤需重视。

根据作物生态地理学的观点，凡纬度相近的东西地区之间（由东向西表现好）比经度相近而纬度不同的南北地区之间的引种，成功的可能性要大得多。另外引种时还要考虑原产地和引种地间的海拔高低。一般低海拔地区的品种，引入高海拔地区较易成功，但要考虑耐寒性；而从高海拔地区引入平原地区，大多数表现不适应，还需做少量引种试验。

二、引种方法及注意事项

1. 引种方法

（1）引种材料的选择　板栗引种可用苗木、接穗或种子。在生态条件相似的地区，可采用苗木、接穗引种，这属于简单引种。而如果生态条件差异较大的地区引种，则必须采用种子播种的方法，这种由实生苗开始的引种方法，称为驯化引种。在驯化引种中引进的品种类型应该多一些。

无论北方栗和南方栗都有各种不同的品种和类型，分布在生态条件不相同的地方，在引种时应尽可能收集各种不同生态地区的品种种子，来比较其适应性。米丘林认为杂交种子，特别是不同生态型间的杂种，更易于驯化。

板栗长期以来一直采用实生繁殖，种子的变异性较大，有多种多样的基因型，在驯化引种过程中往往是筛选那些适应的变异类型，因此，引入种子的数量必须较多，地区应较广。同时，种子应充分成熟，饱满，无病虫害和破损。

（2）引种材料的收集和编号登记　引种材料可以通过实地调查收集，或通信邮寄等方式收集。实地调查收集便于查对核实、防止混杂，同时还可做到从品种特性典型而无病虫害的优株上采集繁殖材料。

引种的苗木、接穗或种子，应具有该品种的典型性，防止混杂，嫁接苗的砧木要相同。在引入品种时，应调查记载下列项目：

① 来历。包括原产地，引种地区，品种来源（农家品种、芽变、实生、杂交品种）。

② 名称。通用名，俗名；嫁接苗应注明砧木名称和来源。

③ 引种年份。引入苗木的年份，苗木繁殖年份及苗龄。

④ 品种特性简述。优良的性状和特性，果品的产量、品

质、生长结果习性、成熟期、贮藏性、适应性和抗逆性等；嫁接苗应注明砧木的主要特征特性。

⑤ 原产地和引种地区的风土条件。包括温度，降水量，地形、地势，土壤的种类、性质、成分和酸碱度等。

⑥ 栽培方法。一般的或特殊的栽培管理方法。

⑦ 群众的评价。该品种的主要优缺点和它的发展价值。

引种材料的数量，以每品种嫁接苗不少于 50 株为原则。为了加大初选的准确性，最好同时引入接穗，用本地最适宜的砧木进行嫁接。

（3）引种材料的检疫 为了避免随着引种材料传入病虫害和杂草，从外地特别是国外引进的材料必须通过严格的检疫。对有检疫对象的繁殖材料，应及时加以消毒处理。必要时在特设的检疫圃内进行隔离种植，如发现有检疫对象，要采取根除措施。

（4）引种试验 从外地引来的品种，一般不能马上推广种植，必须经过试种，有了一定把握之后，才能广泛应用于生产。

引种材料由于来源于不同的环境条件，各品种间具有不同的遗传基础，因此，一般应通过试种观察，初步鉴定。为了使引种材料能够更快结果，可以进行高接，缩短选种年限。

用当地有代表性的优良品种为对照，对引入材料进行系统的比较鉴定，以确定其优劣和适应性。试验地的土壤条件和管理措施应力求一致。引种试验一般包括以下步骤：

① 试引观察，即少量试引。从生态条件差异较大的地区引进的品种，由于自然条件、栽培条件或品种类型都与当地的不一样，必须在当地进行小面积试种观察，初步鉴定其对本地区生态条件的适应性和生产上的利用价值。小区面积不必过大，可根据种子数量或苗木决定。以当地良种作为对照，在生长期间进行系统观察，包括阶段发育特性、生育期及休眠期，

产量结构，以及抗逆性等。在少量引种栽植的同时，采用高接法将引入品种高接在当地代表性品种的成年树树冠上，促进其提前开花结果，从而加速对多年生植物引种观察的进程。

② 品种比较试验和区域试验。将试引观察中表现优良的品种再进行设有重复的品种比较试验，以做出更精确的比较鉴定。再选择其中表现优异的参加区域试验，以确定其适应地区和范围。对于板栗这样多年生树种，因进入开花结果需一定年限，为加速引种试验过程，对试引观察（或高接）中经济性状及适应性表现优良的，也可采取控制数量的生产性中间繁殖，并在这一过程中对适应性做进一步的考察。等到生产性中间繁殖的植株进入开花结果时，少量试引观察的植株已进入盛果期，并大体已经历周期性灾害气候的考验，这时对其中少数表现优异的引入品种，组织大规模繁殖推广就有较充分的把握。

必须强调，引进品种参加区域试验或多点试验十分重要。因为一个优良品种，只有在不同年份、不同地区，都能表现高产稳产，才有较大的利用价值。只凭一年一地的试验结果就下结论，那是很不可靠的。

③ 栽培试验。栽培试验就是对试种中初步选出的各个优良品种，采用不同的栽培技术，从中总结出一套最适合该品种的栽培管理技术和方法。

每个品种都具有一定的特性，只有在自然条件和栽培条件满足其要求之后，才能获得最高的产量和优良的品质。进行栽培试验时，一方面是根据试验过程中品种的反应来制定农业技术措施，同时也应与该品种原来所在地所采用的农业技术结合起来分析研究。

品种试验所获得的资料，只能说明该品种在试验地点的表现，但在不同条件的地点或同一地点也会遇到一些气候因素不同的年份，因此，在进行栽培试验的同时，应在各种不同土壤、气候地带进行试验，以便了解供试品种在不同地区的反应，从而确定供试品种适宜发展的地区。

在不同的地点进行区域试验和栽培试验时，对于引入品种的抗逆性和抗旱性、耐湿性、抗寒性、抗病虫害性等进行观察鉴定，试验至少连续进行 3 年以上，才能评定供试品种的适应性。

为了缩短试验时间，引种材料试种可以与栽培、区域试验同时进行。试种时可以采用不同的栽培措施，同时也可在不同的生态条件下进行多点试验，使引入的品种能尽快在生产上利用。

2. 引种注意事项　做好引种工作，除要有明确的目的要求，采取正确的方法外，还要注意下列事项：

① 搞好引种登记、试种观察和总结工作。从国外引进的品种材料，应由主管部门统一归口登记、编号、译名，防止混乱，建立保存制度。

② 做好有关品种资源的情报资料交流工作，组织国内外考察，扩大引种途径；掌握引进材料的原产地及其生态条件，品种系谱及在引种地的表现，探讨引种的规律。

③ 直接调种和引进品种进行推广之前，必须经过试种，并经主管部门审定；种子质量必须经过检验，符合规定标准才能推广。

④ 加强检疫工作，防止新的病虫和杂草的传播。如发现有检疫对象的种子，应加以药剂处理，或禁止调运作种。苗木和接穗在利用前应进行消毒，去除可能存在的病原菌，消毒液用常用的广谱杀菌剂。对于从国外引种，特别要坚持严格的检疫制度，防止引入新的病虫。这方面的教训是很多的。为了确保安全，除严格进行检疫外，第一年还应在检疫圃隔离试种。如发现新的病虫或杂草，必须就地销毁。

⑤ 苗木引种需注意的事项。起苗前应对苗木的品种进行调查、核对。不同品种挂标签。板栗根系的再生能力弱，若土

壤过干会影响起苗，易断根，可在取苗前 10 d 左右灌水，使土壤松软。起苗尽量少断根，特别是多保留须根，有利于苗木成活并缩短缓苗期。

苗木分级时按苗木规格指标进行。分级时可除去生长不充实的枝和病虫枝梢，剪除根系的受伤部分。

苗木分级后，一般 50 株或 100 株为一捆，标上品种名称，苗木根颈对齐，用准备好的稻草包裹，再用草绳扎紧。远距离运输时，应包装严密，苗木上泼水，用帆布盖上，以防风吹失水。运输应快装快运，到达目的地后及时卸下。暂不种植的苗木可行假植，将根系蘸水或泥浆，将苗木假植到背阴冷凉处。

⑥ 有日本栗或朝鲜栗栽培的地区，如果引入中国板栗，应和其他栗树保持一定的空间隔离（500～1 000 m）。因为即使不用自然授粉的板栗种子繁殖，花粉直感也会使板栗质量降低（板栗果实的某些性状具有花粉直感特性，因日本栗和朝鲜栗果实属于涩皮不易剥离的种类，中国板栗如果接受这样的花粉，也将形成涩皮不易剥离）。

⑦ 生态条件差异过大的地区引种，可以采取连续播种或逐渐迁移驯化的办法。因为有时直接引种种子也不易成功，可以先选择一个中间地点进行驯化，然后再将其种子引入目的地。

总之引种应坚持"既积极又慎重"的原则。一方面，引种具有投资少、见效快、简单易行等特点，尤其对育种周期长的多年生植物改进其生产经营中的品种组成更具有重要意义。另一方面，历史上因盲目引种给生产造成的损失也很大。因此对待引种要既积极又慎重，在程序和方法上除了对少数引种材料的适应性有充分把握外，一般应坚持少量试引、多点试验、全面鉴定、逐步推广的步骤，切忌生产性的盲目引种。此外引种工作还应紧密结合生产上迫切需要解决的问题，以及完成育种目标的特定需要，有计划、有重点地进行。

第四章
栗属植物的主要种类与品种生态群

一、栗属植物的主要种类

栗属植物约有 10 种，板栗（*C. mollissima* Bl.）、锥栗（*C. henryi* Rehd. et Wils.）、茅栗（*C. seguinii* Dode）、日本栗（*C. crenata* Sieb. et Zucc.）、欧洲栗（*C. sativa* Mill.）、美国栗（*C. detata* Borkh）等。用于果品栽培的主要有板栗、欧洲栗和日本栗。

1. 板栗　中国原产，是栗属植物的主要栽培种之一。优良品种多，分布于全国各地，如吉林、辽宁、河北、北京、河南、山东、陕西、甘肃、江苏、江西、湖南、湖北、安徽、福建、台湾、广东、广西以及四川、云南、贵州和西藏等地。其中，以华北的河北、北京、山东、河南，长江中下游的湖北、江苏、湖南、安徽，西北的陕西等分布最多，以上为板栗的主要产区。

板栗为落叶乔木。树高达 13~26 m，树冠半圆形、树皮深灰色，呈不规则纵裂。新梢上有短毛。叶卵圆披针形至卵椭圆披针形，先端短尖、基部宽楔形或圆形，叶缘锯齿粗大，近基部更大。叶肉厚，脉粗，叶背有星状毛，实生幼树秋季落叶不整齐，有些干枯后仍不落。雄花序长 16 cm 左右，雌花生长在雄花序的基部，上具针刺。总苞又叫栗蓬，通常每个总苞内有坚果 1~3 粒，果实大，扁圆形，种皮易剥离，肉质细密，味甜，黏质或粉质，品质佳。9～10月成熟。二倍体，2n＝2x＝24。

本种较耐寒，风土适应性强，幼苗抗寒力较差。抗旱力强，在美国常遭旱灾的地方，仍能正常生长结果。抗栗疫病，较抗根颈溃疡病，抗白粉病力较弱。抗风力较弱。

板栗树势强，抗寒、抗旱、抗病。适宜于土层深厚、排水良好、土壤pH低于7的砾质壤土和沙质壤土栽培。由于生态环境的不同，形成了不同的品种群。

2. 锥栗　原产中国。分布于江苏、浙江、湖北、湖南、安徽、广东、广西、福建、台湾、江西、云南、贵州、四川等省（自治区），在川东鄂西一带山林中最为普遍；在浙江诸暨及福建建瓯山区有嫁接栽培的大果锥栗。主要品种有白露籽、黄榛、油榛等。

锥栗为大乔木。树高达20～30 m。枝条光滑无毛。嫩叶背面有鳞腺，叶脉具毛，叶薄而细致，长椭圆状卵形、长椭圆披针形或披针形（美国称柳叶栗），叶尖长狭而尖，基部楔形或截形，叶缘锯齿针状。叶柄细长。总苞多刺，单生或2～3个聚生。每总苞内有坚果1个，少数2个。果实底圆而顶尖，其形如锥，故名锥栗。果小味甜，可食。

本种适应性强，在高山区能生长，较易感染栗疫病。

3. 茅栗　原产我国，分布于河南、山西、江苏、浙江、安徽、江西、湖南、湖北、四川、云南、贵州等省。

本种为灌木或小乔木，树高达15 m。新梢密生短柔毛，有时无毛，冬芽小。叶长椭圆或长椭圆状倒卵形，先端渐尖，基部圆形，似心脏或广楔形。叶缘稀锯齿，叶背绿色，具鳞腺，侧脉上有毛或光滑无毛。总苞近圆形，通常具坚果2～3粒，多的5～7粒。果个小，直径1～1.5 cm，种皮易剥离，肉质致密，味甜，品质上，易丰产。

本种适应性强，也较抗病，可作为板栗砧木。在美国表现矮生，早丰产，还选出有6～10月连续开花的植株。

4. 日本栗　原产日本，是野生于九州到北海道的毛栗经过栽培改良而形成的。主要分布于日本、朝鲜和我国台湾，辽宁丹东市和山东文登等有少量分布。

本种为乔木或灌木，树高 15 m 左右，树姿开张，树冠半圆形，树干灰褐色，有细毛或无毛；叶椭圆形或狭长，叶尖渐尖，叶基圆形，叶缘整齐，有圆锯齿，有时变为刺毛状，叶背有绒毛和鳞腺。每总苞内有坚果 2～3 粒，多的 5 粒，果大、种脐大，种皮难剥离，果肉粉质，品质中等，但较早实、丰产。

本种耐低湿。丹泽、伊吹、筑波等品种引入我国后较抗栗瘿蜂，抗根颈溃疡病的能力强，对栗干枯病抗性因个体而不同，易染栗疫病，耐寒性较弱。

日本栗的品种约 100 个，主栽品种为筑波和丹泽，其他品种依次为银寄、石锤、国见、利平栗、岸根、有磨和伊吹。

5. 欧洲栗　欧洲栗野生于欧洲南部、非洲北部及亚洲西部一带，原产于高加索西部。罗马时代已形成了栽培品种，位于西亚的土耳其是欧洲栗的原始分布中心。欧洲栗为高大乔木，最高可达 30～35 m，枝条开张，树冠大，根系发达。刺苞、坚果特征近于日本栗，涩皮不易剥离，品种有 Paragon、Numb、Lyon、Marrone 等，本种适合地中海区气候条件，抗栗疫病和墨水病能力差，特别是暖湿地带不适于作经济栽培。

6. 美洲栗　原产北美，大乔木，坚果较欧洲栗小。本种原是美国东北部优势种，20 世纪初受到栗疫病的危害，已被列为美国濒危资源。

北美的美洲栗资源尚有矮生栗（*C. pumila* Mill.），雌雄花序离生，每总苞内仅有一枚坚果，曾为抗栗疫病育种材料；另一种是它的近缘野生种丛生栗（*C. alnifolia* Nutt.），丛状灌木，可分布于海拔 1 200 m 高处，有可能利用为矮化资源。

二、板栗的生态适应性

1. 温度 我国板栗适应范围广，在年平均温度 10～22 ℃，≥10 ℃的积温 3 100～7 500 ℃，绝对最高温度不超过39.1 ℃、绝对最低温度不低于－24.5 ℃的条件下均能正常生长。北方板栗与南方板栗对气温要求差别较大。北方板栗一般需要年平均气温 10 ℃左右、≥10 ℃积温 3 100～3 400 ℃。南方板栗要求平均气温 15～18 ℃、≥10 ℃积温 4 250～4 500 ℃。中南亚热带区板栗生长的年平均气温可达到 14～22 ℃、≥10 ℃积温 6 000～7 500 ℃。

北方板栗的北界在我国寒冷地区的吉林四平等地以北，年平均温度 5.5 ℃、绝对最低温度－35 ℃的地方。板栗枝条的冻害温度为－25～－22 ℃，极限温度为－28 ℃。燕山板栗分布的北界在河北承德以北年平均气温 7～8 ℃的地区，此地区以北虽板栗能够生长，但因成熟期温度不足，果实小，品质低劣，冬季有抽条现象，所以不宜作为经济栽培区。燕山山脉有经济栽培价值的产区北缘为河北省长城外的兴隆、宽城、青龙一线，约北纬 40.2°，温度是限制板栗向北发展的主要因子。

北方板栗由于生长在温度适宜、日较差大、光照充沛的环境下，坚果品质优良，总糖含量高，淀粉含量低于南方产板栗，糯性大，尤其适宜炒食，风味甘美。

2. 土壤 板栗适宜在酸性或微酸性的土壤上生长，在 pH 5.5～6.5 的土壤上生长良好，pH 超过 7.2 则生长不良，板栗在碱性土质上不宜生长；石灰质土壤碱度偏高，影响栗树对锰的吸收，生长不良。

板栗成土母岩多为酸性岩石，板栗是果树中对盐碱土敏感的树种之一，含盐量以 0.2% 为临界值。与河北省遵化县毗连的卢龙、石门的石灰岩山地以核桃为主。盐碱土壤中板栗自然分布少。我国南方多雨地带，个别板栗的生长区虽然为石灰岩母质，但仍可正常发育。如湘西武陵山区为石灰岩山地，淋溶程度高，土壤中盐基流失多，再加上灌木杂草茂密，土壤腐殖质多，因而，一般为弱酸性土壤，适宜板栗栽培。

3. 降水 北方板栗适应干燥气候，燕山栗产区年降水量平均为 400～800 mm，持续干旱年份年降水量 200～300 mm。虽然板栗较抗旱，但板栗也喜雨，北方有"旱枣涝栗子"之说。

我国南方板栗分布在多雨潮湿的气候带，年降水量多达 1 000～2 000 mm。降水量过多，阴雨连绵，光照不足，会导致光合产物积累少，坚果品质下降，贮藏性低。雨水多且排水不良时，影响板栗根系正常生长，树势衰弱，易造成落叶减产，甚至淹死栗树。4～10 月的生长期降雨能促进板栗生长与结实，但南方栗区 7～8 月的夏旱易导致栗树减产。

4. 光照 板栗为喜光树种，自然放任生长时树冠外围枝多，树冠郁闭后内膛枝条因见不到阳光而枯死。结果枝多集中于树冠外围，当内膛着光量占外围光照量 1/4 时枝条生长势弱，无结果部位。光照不足 6 h 的沟谷地带，树冠直立，枝条徒长，叶薄枝细，老干易光秃，株产低，坚果品质差。在板栗花期，光照不足则会引起生理落果。建园时，选择日照充足的阳坡或开阔的沟谷地较为理想。

5. 地势 板栗自然分布区地势差别较大，海拔 50～2 800 m 均可生长板栗。我国南北纬度跨度较大，亚热带地区如湖北、湖南、四川、贵州、云南等地，在海拔 1 000 m

以上的高山地带，板栗仍可正常生长结果。处于温带地区的河北、山东、河南等地，板栗经济栽植区要求海拔在 500 m以下。海拔 800 m 以上的山地，常因生长期短、积温不够而出现结果不良现象。

山地建园对坡地的选择不太严格，可在 15°以下的缓坡建园，因为缓坡土层深厚，排水良好，便于土壤管理和机械操作，且光照充足，树势旺，产量高。15°～25°坡地易发生水土流失，建园时应实施水土保持工程。30°以上的陡坡，可作为生态经济林和绿化树来经营。

6. 风和其他　花期微风有利于栗树传粉，但栗树抗风力较弱，且不耐烟害。

三、板栗的生态区划

板栗起源于中国，是我国最古老和驯化栽培最早的果树树种之一，在我国主要产区有河北与北京的燕山产区迁西县、遵化市、兴隆县、怀柔区、密云区等，江苏省的新沂、宜兴、溧阳、苏州洞庭山，安徽省的舒城、广德等，浙江省的长兴、诸暨、上虞，湖北省的罗田、麻城及大别山区等，河南省信阳等大别山区，湖南省湘西地区，贵州省的玉屏、毕节，广西壮族自治区玉林、桂林阳朔，甘肃省武都地区，辽宁省宽甸、东沟等地，陕西省的镇安、柞水，山东省的泰安、郯城、沂蒙山区等地。

根据板栗对气候生态的适应性分为华北生态栽培区、长江中下游生态栽培区、西北生态栽培区、西南生态栽培区、东南生态栽培区和东北生态栽培区等六个生态栽培区。

1. 华北品种群　华北品种群主要分布于河北、北京、天津、山东及苏北、豫北等地，是我国板栗的集中产区，产量占全国产量的 40%以上。集中产区有燕山山脉的河北省迁西县、遵化市、兴隆县等；北京市的怀柔区、密云区等地。燕山栗产区是著名的炒食栗产区。此外，还有河北太行山邢台、左权，山东鲁中丘陵和胶东地区，河南信阳产区的新县、光山、确山、信阳、商城、桐柏等大别山与桐柏山区，河南洛阳伏牛山区等。此品种群的主要特点是：实生树较多，树体间变异大。品种多为小果型，坚果重平均 10 g 左右，小果品种占 78%。栗果含糖量高，淀粉糯性，果皮富有光泽，品质优良，适宜糖炒。主栽品种有燕山红栗、东陵明珠、北峪 2 号、燕山短枝等。

华北品种群所处地区为华北平原南温带半湿润气候栽培区（Ⅱ），属南温带半湿润气候，年均温度 11～14 ℃，年降水量550～680 mm（表 4-1）。气候特点为冬冷夏暖，半湿润，春旱严重。

表 4-1　华北栗产区主要气候要素及气候类型

测站	年均温（℃）	1月均温（℃）	7月均温（℃）	日较差（℃）	极端低温（℃）	≥10 ℃		年相对湿度（%）	年日照时数（h）	气候类型	
						积温（℃）	天数（d）			热量	水分
北京	11.5	−4.6	25.8	11.4	−27.4	4 163	199	60	2 780	南温带	半湿润
天津	12.5	−4.0	26.4	9.6	−22.9	4 317	204	63	2 724	南温带	半湿润
济南	14.2	−1.4	27.4	9.7	−19.7	4 764	217	58	2 737	南温带	半湿润
郑州	14.2	−0.3	27.3	11.1	−17.9	4 645	215	66	2 385	南温带	半湿润

2. 西北品种群　西北品种群主要分布于山西、陕西、甘南、鄂西北和豫西，属黄土高原南温带半湿润、半干旱气候板栗栽培区。板栗品种主要有镇安大板栗、柞水 14 号、柞水 11 号、明拣栗、寸栗等。该区域属南温带半干旱或北亚热带湿润气候，气候具有过渡性。年均温 10～14 ℃，积温 3 500～

4 500 ℃，年降水量 500～800 mm（表 4 - 2）。该区域气候特点是冬冷夏热，半湿润或干旱、多秋雨。

表 4 - 2　西北栗产区主要气候要素及气候类型

测站	年均温（℃）	1月均温（℃）	7月均温（℃）	日较差（℃）	极端低温（℃）	≥10 ℃积温（℃）	≥10 ℃天数（d）	年降水量（mm）	年相对湿度（%）	年日照时数（h）	气候类型 热量	气候类型 水分
西安	13.3	−1.0	26.6	1.06	−20.6	4 327	207	580	71	2 038	南温带	半湿润
汉中	14.3	2.1	25.6	8.0	−10.1	4 475	219	872	79	1 770	北亚热带	半湿润
武都	14.5	2.8	24.8	9.5	−8.1	4 513	227	475	61	1 912	北亚热带	半湿润

3. 长江中下游品种群　长江流域品种群主要分布于湖北、安徽、江苏、浙江等长江中下游一带，属长江中下游平原北、中亚热带湿润气候板栗栽培区。该区是我国板栗的主产区之一，产量占全国产量的 1/3 左右。集中产区有湖北罗田一带，秭归等沿江地带；安徽皖南山区和大别山；江苏宜兴、溧阳、洞庭山、南京、吴县等地；浙江西北产区包括长兴、安吉、铜庐、富阳，浙中上虞、绍兴、萧山、诸暨、金华、兰溪等地。除板栗外，还有锥栗、茅栗。长江流域的主要品种有处暑红、九家种、焦扎、青扎、大红袍、浅刺大板栗、大底青等。品种群的主要特点是：嫁接栽培早，品种数量多，大果型品种占 50% 以上，平均单果重 15.1 g，最大可近 30 g。品种含糖量低于华北品种群，淀粉含量高，偏粳性。长江中下游板栗产区气候属北亚热带和中亚热带湿润气候区，年平均温度 15～17 ℃，年降水量 1 000～1 600 mm（表 4 - 3）。该区总的气候特点是夏季炎热冬季较冷，降水充沛，开花期多雨，伏旱较重。

表4-3 长江中下游栗产区主要气候要素及气候类型

测站	年均温 (℃)	1月均温 (℃)	7月均温 (℃)	日较差 (℃)	极端低温 (℃)	≥10℃ 积温 (℃)	≥10℃ 天数 (d)	年降水量 (mm)	年相对湿度 (%)	年日照时数 (h)	气候类型 热量	气候类型 水分
南京	15.3	2.0	28.0	8.8	−14.0	4 911	228	1 031	77	2 155	中亚热带	湿润
杭州	16.2	3.8	28.6	8.0	−9.6	5 079	233	1 399	80	1 904	中亚热带	湿润
合肥	15.7	2.1	28.1	8.2	−20.3	5 052	231	988	76	2 163	中亚热带	湿润
南昌	17.5	5.0	29.6	7.2	−9.3	5 573	245	1 596	77	1 904	中亚热带	湿润
汉口	16.3	3.0	28.8	8.6	−18.1	5 195	236	1 204	78	2 058	中亚热带	湿润
长沙	17.2	4.7	29.3	7.6	−11.3	5 446	243	1 396	80	1 677	中亚热带	湿润

4. 西南品种群 西南品种群主要分布于我国云南、贵州、四川、重庆及湘西、桂西北等地。属云贵高原亚热带湿润气候板栗栽培区。除板栗外，有锥栗和茅栗的分布。板栗品种主要有贵州平顶大红栗，云南品种云良、云红等。该品种群中实生板栗较多，自然变异大。坚果多小型，果实含糖量低，淀粉含量高。该品种群的生态区域冬暖夏凉，日照偏少，多秋雨。

表4-4 西南栗产区主要气候要素及气候类型

测站	年均温 (℃)	1月均温 (℃)	7月均温 (℃)	日较差 (℃)	极端低温 (℃)	≥10℃ 积温 (℃)	≥10℃ 天数 (d)	年降水量 (mm)	年相对湿度 (%)	年日照时数 (h)	气候类型 热量	气候类型 水分
昆明	14.7	7.7	19.8	11.1	−5.4	4 478	258	1 006	73	2 470	中亚热带	湿润
贵阳	15.3	4.9	24.0	8.0	−6.1	4 549	235	1 174	77	1 371	中亚热带	湿润
成都	16.2	5.5	25.6	7.5	−5.9	5 101	256	947	82	1 228	中亚热带	湿润

5. 东南品种群 东南品种群主要分布于广东、广西、海南、闽南、赣南和湘东等地。栽培管理较为粗放，品种有中果红皮栗、中果黄皮栗、它栗、韶栗18号等。果实多中等大小，

含糖量低，淀粉含量高。该区属东南沿海丘陵亚热带湿润气候板栗栽培区。年平均气温高，降水量大（表4-5）。气候特点是冬暖夏热，雨量充沛。该地区除板栗外，在福建建阳、建瓯等地分布有大量锥栗，品种有白露籽、麦塞籽、黄榛等。

表4-5　东南栗产区主要气候要素及气候类型

测站	年均温(℃)	1月均温(℃)	7月均温(℃)	日较差(℃)	极端低温(℃)	≥10℃积温(℃)	≥10℃天数(d)	年降水量(mm)	年相对湿度(%)	年日照时数(h)	气候类型 热量	气候类型 水分
福州	19.6	10.5	28.8	7.8	−1.2	6 417	293	1 344	77	1 848	南亚热带	湿润
广州	21.8	13.3	28.4	7.6	0.0	7 380	332	1 694	79	1 906	南亚热带	湿润
南宁	21.6	12.8	28.3	8.0	−2.1	7 421	323	1 300	79	1 827	南亚热带	湿润

6. 东北品种群　东北品种群属东北平原中温带湿润、半湿润气候板栗栽培区。主要分布于辽宁、吉林，是我国分布最北的产区。该品种群主要以日本栗系统的丹东栗为主，炒食品质差，以加工为主。主要品种有丹东栗、金华栗、银叶、方座、近和等。该区的特点是冬冷夏温，半湿润（表4-6）。

表4-6　东北栗产区主要气候要素及气候类型

测站	年均温(℃)	1月均温(℃)	7月均温(℃)	日较差(℃)	极端低温(℃)	≥10℃积温(℃)	≥10℃天数(d)	年降水量(mm)	年相对湿度(%)	年日照时数(h)	气候类型 热量	气候类型 水分
四平	5.9	−14.8	22.7	11.7	−34.6	3 006	157	660	66	2 785	中温带	湿润
沈阳	7.8	−12.0	24.6	11.1	−30.6	3 420	171	735	65	2 574	中温带	半湿润

由于板栗生长区域的气候不同，所生产的板栗在大小、果皮颜色、含糖量、淀粉含量与糯性等方面差异较大。总体而言，除东北区域的日本栗外，北方板栗含糖量高，淀粉糯性大，适宜炒食；南方栗果实较大，含糖量较低，淀粉含量

高（表4-7），淀粉糊化温度高，淀粉偏粳性，适宜菜用或加工。

表4-7　生态条件与板栗品质的关系

产地	单果重(g)	含水量(%)	总糖含量(%)	淀粉含量(%)	淀粉糊化温度(℃)
华北品种群	9.9	43.9	17.6	50.8	57.6
长江流域品种群	15.2	48.7	12.5	56.3	60.4
西南品种群	8.4	48.3	11.9	53.2	60.9
东南品种群	13.5	50.8	10.8	63.2	65.3

第五章
北方板栗品种

一、燕山红栗

1. 品种来历　别名北庄 1 号、燕红。由实生树中选出，原株生长在北京市昌平区黑山寨乡北庄村南沟上部的梯田边上。1974 年选出，通过嫁接无性系，建立复选圃复选和进行区域性试验，于 1979 年秋定名；因原产在燕山山脉，坚果颜色鲜艳呈红棕色，故定名为燕山红栗。

分布：密云、怀柔、昌平、平谷、房山等区的主要栗产区均有栽培，以新发展的幼树为主，约有 50 万株。

2. 品种特征特性

植物学特征：原株 40 多年生，树高 6.5 m，树冠直径 8.7 m，呈圆头形。无性系表现树性中等偏小，树冠紧凑。结果母枝长 21 cm，中部粗度为 0.47 cm；盛果期前梢一般较短，平均有混合芽 3.5 个；混合芽较小，呈扁圆形。叶片较窄小，呈长椭圆形，叶色深绿，质地硬而厚。雄花序长约 15 cm，每条结果枝着生约 9 条，雄花枝生 4 条，树体衰弱时雄花数量会增加。每条结果枝平均着生 1.4 个球果，一般较细弱的前端枝条也能结果。由于全树结果枝较多，虽然每条结果枝着生的球果较少，以一个为主，但是球果分布密而均匀。球果平均重 45 g，长 7.1 cm，宽 6.1 cm，高 5.2 cm，呈椭圆形。总苞皮厚 0.24 cm；刺束稀，长 1.5 cm；

分枝点高，分枝角度大；平均每个总苞有坚果 2.2 个，鲜重出籽率为 46.8％。坚果平均粒重 8.9 g，果面茸毛很少，多分布在果顶、果肩部位；果皮深红棕色，美观，富有光泽。

生物学特性：本品种有早期结果的特性，嫁接后第二年即能结果，3～4 年后大量结果。结果母枝连续结果能力强，每条结果母枝平均抽生 2.4 条结果枝，粗壮的结果母枝短截到基部芽出（雄花序痕下部），约有 30％的枝条形成结果枝。从总枝条比例来看，修剪后萌发的新梢结果占 52.1％，雄花枝占 39.2％，发育枝占 8.7％。原株 40 多年生，株产 41.5 kg，折合每平方米投影产 0.7 kg，说明燕山红栗盛果期较长。本品种栗果经贮藏 3 个月后，干果中含糖量 20.25％，粗蛋白 7.07％，脂肪 2.46％；栗子富糯性。

物候期：在北京密云高岭乡，燕山红栗萌芽期为 4 月 20 日，展叶期为 4 月 28 日；雄花初花期为 6 月 14 日，盛花期为 6 月 13 日，终花期为 6 月 20 日；雌花初花期为 6 月 5 日，盛花期为 6 月 13 日，终花期为 6 月 19 日；果实成熟期为 9 月 15～23 日，果实成熟比较齐一。

3. 适栽地区及品种适应性　本品种适宜在北京、河北、山东及西北地区栽培。抗病能力较强，抗旱力中等，适宜在条件较好的地区发展。在环境条件较差时雌花数并不减少，但是每蓬中的坚果减少，容易产生独籽栗。结果过多或修剪不当，容易产生大小年。该品种坚果中等偏大，坚果美观，品质上等。

4. 栽培技术要点及注意事项　注意增加土壤肥力；修剪要稍重，应该剪除过多的结果母枝，以免结果过多引起结实力降低而使独头栗和空蓬增加。该品种自花授粉能力差，成片嫁接单一品种及营养不良和土壤缺硼时，空蓬率较高，要注意配置授粉树。

二、燕昌栗

1. 品种来历　别名下庄 4 号。由实生树中选出。原株生长在北京市昌平区下庄乡下庄村村北山坡下的梯田上。1979 年选出，1974 年引入昌平初选优良单株，同时进入全市复选，1982 年冬通过鉴定。由于原株生长在燕山山脉昌平，故定名为燕昌栗。

分布：在昌平、怀柔、密云等区，以新发展的幼树为主，已有 10 余万株。

2. 品种特征特性

植物学特征：原株 50 年生树高 8 m，树冠直径 10.1 m，无性系表现树姿开展，呈扁圆头形或自然开心形。结果母枝较长，平均长 29 cm，中部粗度为 0.55 cm，果前梢长 2.57 cm；有混合芽 3.3 个，呈扁圆形。叶片呈长椭圆形，先端急尖，基部钝形。雄花序长 16.3 cm，平均每条结果枝着生雄花序 6.8 条，雄花枝一般着生雄花序 4～5 条。球果平均重 67 g，长 7.6 cm，宽 0.5 cm，高 4.8 cm，呈椭圆形，刺束密度较大，刺长 1.4 cm，分枝点低，分枝角度小。总苞皮较厚，为 0.28 cm。平均每蓬中含有坚果 2.6 个，平均出籽率为 40.5%。坚果单粒重 8.6 g，果面茸毛较多，果肩部分茸毛密度大，果皮红褐色，光泽中等，较美观。

生物学特性：燕昌栗具有早期丰产的习性，嫁接后第 2 年即能大量结果。结果母枝连续结果能力较强，连续 2～3 年结果的母枝占总数的 85%，每条结果母枝平均抽生 2.1 条结果枝，每条结果枝平均结球果 1.8 个。本品种丰产性能好，表现为内膛结果能力强，在修剪合适的情况下，内膛结果占 50.1%。在每公顷 510 株的密度下，加强管理每公顷产栗可达 3 285 kg，空蓬率不超过 3%，表现丰产、稳产。本品种栗子贮藏 3 个月后果实含糖量占 21.63%，粗蛋白占 7.8%，脂肪占 2.19%，栗子甜香而富糯性。

物候期：在密云区高岭乡，燕昌栗树萌发期为 4 月 22 日，展叶期为 4 月 26 日，雄花初花期为 5 月 26 日，盛花期为 6 月 9 日，终花期为 6 月 18 日；雌花初花期为 5 月 28 日，盛花期为 6 月 11 日，终花期为 6 月 18 日，果实成熟期为 9 月中旬。

3. 适栽地区及品种适应性　本品种结果母枝连续结果能力强，内膛结果的比例高，空蓬率低，稳产、丰产。抗病抗旱力表现一般，结果母枝长，树冠不紧凑，栽植密度不宜过大；在环境条件较差时，坚果小、出籽率低，色泽也较差。本品种适宜在北京、河北、山东及西北地区条件较好的地区栽培。

4. 栽培技术要点及注意事项　在栽培过程中要注意回缩更新修剪，以免枝条生长过长而不紧凑。

三、燕丰栗

1. 品种来历　别名西台 3 号、蒜瓣。由实生树中选出。原株生长在北京市怀柔区黄花城乡西台村老坟后山的梯田上。1973 年选出，通过嫁接发展无性系，建立复选圃复选和区域性试验，于 1979 年定名；因原产在燕山山脉，每条结果枝上球果数量多，有成串结果的丰产特性，故定名为燕丰栗。

分布：主要分布在怀柔区、密云区，以新发展的幼树为主，有 5 万余株。

2. 品种特征特性

植物学特征：原株 70 多年生，树高 7 m，树冠直径 10.5 m，呈圆头形，树姿开张。结果母枝长 29.5 cm，中部粗度为 0.64 cm，果前梢一般较长，平均有混合芽 5.6 个；混合芽中等大，呈扁圆形。叶片质地较硬，两侧略向上反卷。雄花序长 17 cm，结果母枝上雄花数量较少，一般 4～5 条，雄花枝平均着生雄花 3.5 条。球果为小型，平均重为 31.5 g，长

6.7 cm，宽 5.2 cm，高 4.8 cm，呈椭圆形。总苞皮薄，厚度为 0.15 cm；刺束稀，长 1.4 cm；分枝点较高，角度大。平均每个总苞内有坚果 2.5 粒，鲜重出籽率为 53.1％。坚果平均单果重为 6.6 g，个头小并多茸毛，皮色黄褐色，缺乏光泽。

生物学特性：本品种有早期结果的习性，嫁接后 2～3 年即开始大量结果。从总枝条的比例来看，修剪后萌发的新梢结果枝占 41.2％，雄花枝占 34.1％，发育枝占 24.2％。结果母枝连续结果能力强，每条结果母枝平均抽生 1.6 条结果枝，每条结果枝平均结球果 3.3 个，多者可达 10 个，形成串状结果，故群众又叫它蒜瓣。燕丰栗果实品质好，含糖量高，栗果贮藏 3 个月后，果实含糖量为 25.26％，粗蛋白 6.18％，脂肪 2.53％；味甜香而富糯性。

物候期：在密云高岭乡，燕丰栗萌芽期为 4 月 20 日，展叶期为 4 月 26 日，雄花初花期为 6 月 1 日，盛花期为 6 月 19 日，终花期为 6 月 21 日；雌花初花期为 5 月 30 日，盛花期为 6 月 10 日，终花期为 6 月 19 日；果实成熟期为 9 月 13～23 日。

3. 适栽地区及品种适应性　本品种嫁接树结果早，结果枝粗壮，每条结果枝上结的球果多，丰产性能强，栗子虽小但品质好，含糖量高，适宜炒食。在立地条件和栽培条件差时，栗实过小且有空蓬；另外，本品种嫁接树后期不亲和的数量较多。本品种适宜在土壤、水利条件较好的地区发展。

4. 栽培技术要点及注意事项　由于栗子个头较小，在立地条件较差和粗放管理时，栗子不能达到一级出口标准（每千克超过 160 粒），所以在培养中要求加强肥水管理。本品种受金龟子危害比其他品种严重，要注意防治病虫害。

四、银丰（下庄 2 号）

1. 品种来历　由实生树中选出。原株生长在北京市昌平区下庄乡下庄村西北山沟中部的梯田上，1974 年选出。分布在北京市昌平、密云、平谷等主要栗产区，以新发展的幼树为主，约有 20 万株。

2. 品种特征特性

植物学特征：原株 90 多年生，树高 9 m，树冠直径 15.1 m，呈扁圆头形，枝条短，树冠紧凑。结果母枝长 19.6 cm，中部粗度为 0.79 cm。果前梢一般较短，平均有混合芽 2.8 个。芽中等大小，扁圆形，枝条上皮空较大而密。叶片长 16.4 cm，宽 6.4 cm，呈椭圆形，先端渐尖，基部钝形；叶色浓绿，质地硬而厚，比较平展。雄花序长 14 cm，每个结果母枝平均着生 4.5 条，雄花枝平均着生雄花序 3.6 条。球果较小，平均单球果重 39.6 g，长 7.1 cm，宽 5.5 cm，高 4.8 cm，呈椭圆形。总苞皮薄，为 0.18 cm；刺束稀，刺长 1.5 cm；分枝点较低，分枝角度大。平均每个总苞内有坚果 2.6 个，鲜重出籽率为 50.2%。坚果平均单果重为 6.9 g，个头较小；果皮棕褐色，光泽较差，茸毛较多。

生物学特性：本品种早期结果习性明显，在砧木较大的情况下，嫁接后第二年即能大量结果。结果母枝连续结果能力强，每条结果母枝平均抽生 2.2 条结果枝，每条结果枝平均着生 2.1 个球果，球果一般空蓬率较低，表现丰产、稳产。下庄 2 号坚果贮藏 3 个月后，含糖量为 21.17%，粗蛋白含量为 7.46%，脂肪含量为 2.33%，味甜香而富糯性。

物候期：在密云南岭乡，下庄 2 号萌芽期为 4 月 25 日，展叶期为 5 月 1 日；雄花初花期为 6 月 7 日，盛花期为 6 月 15 日，终花期为 6 月 22 日；雌花初花期为 6 月 6 日，盛花期为 6 月 14 日，终花期为 6 月 20 日；果实成熟期为 9 月 15～23 日。

3. 适栽地区及品种适应性　本品种嫁接树早期丰产，结果枝数量多，球果多，空蓬少，丰产性能好，有内膛结果的习性；在环境条件较差时雌花的数量并不会明显减少，但坚果明显变小。丰产性能好，并且稳产，抗病抗旱性也比较强，适宜在北京、河北等炒食栗产区发展。

4. 栽培技术要点及注意事项 下庄 2 号果实成熟前总有少量总苞提前开裂（群众叫"青刺芽"），尤其在前期干旱后期雨水多的年份表现严重。前期开裂的栗子，易遭病虫危害。为了减少前期总苞开裂，栽培中要根据气候情况，注意灌水和排水，不使之出现明显的前期干旱、后期涝的情况。

五、怀九

1. 品种来历 怀九由北京怀柔板栗试验站选出，1984 年选自北京怀柔区九渡河实生大树，于 2000 年 9 月通过北京市农作物品种审定委员会审定并命名。

2. 品种特征特性 怀九树形多为半圆形，结果母枝平均长度为 65 cm，平均粗度为 0.85 cm，属长果枝类型，耐短截，适宜密植。果前梢较长，平均长度为 25 cm，每个果前梢平均有 9 个混合芽，芽为圆头形。球果椭圆形，中等大，刺束中密，64.7 g，长 7.6 cm，高 5.5 cm，宽 4.3 cm。总苞皮厚 0.45 cm，出实率为 48.09％。结果母枝平均抽生结果枝 2.06 条，结果枝占 44.60％，每条结果枝平均着生栗蓬 2.37 个，蓬内坚果平均为 2.35 粒。坚果为圆形，鲜果单粒质量 7.5～8.3 g，属小粒形，种皮栗褐色，有光泽，茸毛较少，坚果种脐较小。适宜炒食。

3. 适栽地区及品种适应性 适宜北京、河北等燕山板栗产区栽培。品种生长势较强，连续结果性好，适宜短截。

4. 栽培技术要点及注意事项 怀九适宜开心型密植栽培，株行距 2 m×（3～4）m。结果树每平方米投影面积留结果母枝 8～12 条，粗壮结果母枝可留基部 2 芽重短截，抽生结果枝率为 84％。

六、怀黄

1. 品种来历　怀黄由北京怀柔板栗试验站选出，1984 年选自北京怀柔区黄花城村实生大树，于 2000 年 9 月通过北京市农作物品种审定委员会审定并命名。

2. 品种特征特性　怀黄树形多为半圆形，树姿开展，主枝分枝角度在 60°～70°，结果母枝平均长度为 32.87 cm，平均粗度为 0.75 cm。一般情况下，短截后均能结果，适宜密植。果前梢较长，平均长 11.5 cm，果前梢平均 7 个混合芽，芽为圆形。球果椭圆形，中等大，刺束中密，56.6 g，长 7.5 cm，高 4.5 cm，宽 3.5 cm，总苞皮厚 0.4 cm，出实率为 46.03%。结果母枝平均抽生结果枝 1.85 条，结果枝占 45.45%，每条结果枝平均着生栗蓬 2.33 个，栗蓬内坚果平均 2.24 粒。坚果为圆形，鲜果单粒质量 7.1～8.0 g，属小粒形，皮色为栗褐色，有光泽，茸毛较少，坚果种脐较小。适宜炒食。

3. 适栽地区及品种适应性　适宜北京和河北板栗产区栽培。品种具成串结果习性，果前梢长，适宜留 2～4 个混合花芽轻短截。怀黄具早期结果能力，高接当年结果，幼树建园 3 年即可结果，盛果期密植园平均稳产 3 000～3 750 kg/hm²。

4. 栽培技术要点及注意事项　怀黄适宜开心型密植栽培，株行距 2 m×（3～4）m。结果树每平方米投影面积留结果母枝 8～12 条，粗壮结果母枝可留基部 2 芽重短截，抽生结果枝率为 76%。

七、北峪 2 号

1. 品种来历　北峪 2 号母树生长在河北遵化市北峪村山

脚坎坡地上，1978 年入选。母树为 39 年生实生树，冠幅 5 m×6 m，年均投影产量 1.2 kg/m²，出实率 45.5%，母枝连续 3 年结果率 82.8%。年均株产 36 kg，稳产。北峪 2 号经 4 年初选观察、5 年复选比较以及多点品比试验和决选鉴定均表现突出，成为最受果农欢迎的良种，目前该品种已在河北、山西、山东等省推广。

2. 品种特征特性

植物学特征：母树树姿半开张，树冠半圆形，结果枝为中长类型。雌雄花之比为 1∶5.8，总苞大，扁圆形，刺束中密，蓬皮厚 0.23 cm，蓬刺长 1.31 cm，一字形开裂，坚果扁圆形，单果重 8～9.28 g。

生长结果习性：幼树期长势强，扩冠快，结果后树势由强转壮，在野户山密植园，该品种嫁接后 3 年冠径 139 cm，生长量 64.5 cm。嫁接后 8 年冠径 3.6 m，树高 3.2 m，外围新梢生长量 34.7 cm。12 年生北峪 2 号嫁接树果枝率 56.3%，平均每母枝有果枝 3 条，每母枝着蓬 6.93 个，每蓬有栗果 2.48 个，单粒重 8.98 g，结果系数达 153，明显高于燕红等单系。

品质特性：栗果每千克 100～120 粒，大小均匀，肉质细腻，性糯，味甜，香气浓。历次品尝鉴评品质极佳。

物候期：该品种在遵化 4 月上旬萌芽，4 月中旬展叶；6 月初雄花初开，6 月 8 日前后盛开，6 月 15 日为末期，雌花 5 月 19 日出现，5 月 25 日柱头分叉。6 月中下旬新梢停长，8 月中下旬为栗蓬速长期，果实 9 月中旬成熟，成熟期集中在一周左右时间内，10 月下旬落叶。

3. 适栽地区及品种适应性 北峪 2 号在多点不同立地条件下均表现丰产、树壮，抽生壮枝比率高，能减轻栗瘿蜂危害。北峪 2 号早实性强，单位面积产量高，品质极佳，树性及结实力等均优于对照品种，果实成熟期集中，易采收，母枝短截修剪后结实力高，易控冠，是发展板栗矮密栽培的理想优种。

4. 栽培技术要点及注意事项　北峪 2 号母枝适宜短截修剪，结果期母枝短截后，果枝抽生率 72.3％，平均每母枝结蓬 9.8 个，较对照（不截）的 9.5 个稍高。采用前期摘心开角，结果后母枝长短结合修剪使矮控冠效果明显，13 年生北峪 2 号控冠修剪 9 年后冠径较对照减小 15.5％

北峪 2 号异花授粉结实率高于自花授粉，大面积建园注意配置其他授粉品种。幼树期长势旺，修剪应以生长季摘心、拉角为主。结果期转冬季短截长短结合控冠修剪。

八、燕山魁栗

1. 品种来历　燕山魁栗原代号为 107，于 1973 年在河北省迁西县汉儿庄乡杨家峪村从实生栗树中选出。1989 年通过专家鉴定，1990 年命名为燕山魁栗，并广泛应用于生产，目前迁西县已发展 100 多万株，并向甘肃、四川、辽宁、吉林、天津、北京以及石家庄、承德等地提供优质种穗 100 多万支。

2. 品种特征特性　该品种树冠呈半圆头形，树姿自然开张，通风透光条件好。叶片披针状、椭圆形，叶姿平展，锯齿内向，浅绿色有光泽，叶面积 140 cm^2 左右。雄花序较一般品种长，而且多。母枝抽生果枝平均为 2.38 条，结果枝结蓬平均 2.15 个，蓬重 65 g 左右，椭圆形，刺束较密，斜生。成熟时呈一字形开裂。出实率高，为 38％～40％，空蓬率一般在 5％以下。每蓬含坚果 2.75 粒，椭圆形、棕褐色、有光泽、茸毛少。单粒重 10 g 左右，果粒整齐均匀，果肉质地细腻，味香甜，糯性强，涩皮易剥离，适于炒食，品质极佳。果肉含糖 21.12％，淀粉 51.98％，粗蛋白 3.72％。

萌芽期 4 月中旬，展叶期 4 月下旬，盛花期 6 月中旬，果实成熟期 9 月中旬，落叶期 11 上旬。

3. 适栽地区及品种适应性 该品种具有很强的适应性、丰产性和稳产性，连续结果能力强。尤其是耐瘠薄、少空蓬是该品种的最大特点。幼砧嫁接后，3 年结果，4 年有效益，5 年生平均株产 2.60 kg。

该品种优质、丰产、易管理、适应性强，在北京、河北等燕山产区、太行山栗区和山东等省种植表现良好，可作为主栽品种推广发展。

4. 栽培技术要点及注意事项 栽植密度以 2 m×4 m 或 3 m×5 m 为适宜；树形宜采用自然开心形和疏散分层形；初果树修剪以疏枝为主，每平方米树冠投影面积留枝 8 条左右，也可适当对母枝进行短截，但短截量不宜超过 1/3，这样既可保持一个稳定的产量又可起到控冠、推迟郁闭的效果。授粉树配置以燕山早丰、燕山短枝和大板红为适宜，因这 3 个品种既具有优良的丰产性状，又可互相授粉。虽然燕山魁栗很耐瘠薄，但也应加强土肥水管理，防止因结果过多而导致树体早衰。

九、燕山短枝

1. 品种来历 燕山短枝原代号为"后 20"，于 1973 年在河北省迁西县东荒峪镇后韩庄村从实生栗树中选出，是目前燕山板栗良种中唯一的短枝型品种。目前迁西县已发展 110 多万株，并向外省、市提供优质种穗 110 余万支。

2. 品种特征特性 该品种树体矮小，树冠紧凑，枝条短粗，叶片肥大，树势健壮，极抗病虫。新梢长度仅为普通型品种（燕山早丰）的 70%，新梢粗度则大于普通型品种 12%；叶面积和百叶重也分别大于普遍型品种 19% 和 30%，且叶色浓绿，光泽明亮。

母枝抽生果枝平均为 2.15 条，结果枝结蓬平均 2.1 个。

平均蓬重 67.6 g，椭圆形，刺束密而硬，斜生，成熟时呈一字形开裂，出实率 40% 左右，每蓬内含坚果单粒重 9～10 g，果粒整齐均匀，果肉质地细腻，叶香甜，糯性强，涩皮易剥离，适于炒食，品质极佳，果肉含糖 20.57%，淀粉 50.58%，蛋白质 5.89%。

该品种具有较强的丰产性和适应性，幼砧嫁接后 3 年结果，5 年生平均株产 2.2 kg，每公顷产量 2 739 kg。主要物候期：萌芽期 4 月中旬，展叶期 4 月下旬，盛花期 6 月中旬，果实成熟期 9 月中旬，落叶期 11 月上旬。

3. 适栽地区及品种适应性　该品种树体紧凑，短枝性状突出，果实品质极佳，丰产，适应性强，是生产上不可多得的短枝型优良品种。在北京、河北等燕山产区和山东等省种植表现良好，可作为主栽品种推广发展。

4. 栽培技术要点及注意事项　适宜密植栽培，株距 2～3 m，行距 3～4 m。授粉树配置以燕山早丰和燕山魁栗为适宜。树形宜采用自然开心形和疏散分层形，初果树修剪以疏枝为主，每平方米树冠投影面积留枝 8～10 条，并要注意开张角度。盛果期修剪疏缩结合，合理培养、利用挂枝，及时回缩控冠，保持良好的通风透光条件，促进主体结果。同时要适当增加肥水供给，加强土壤管理，以维持一个相对稳定的产量。

十、遵化短刺

1. 品种来历　遵化短刺（原代号官厅 7 号）母树生长在河北省遵化县接官厅村北河滩地上，1974 年入选。母树为 39 年生实生树，冠幅 7 m×6.8 m，1974—1978 年平均投影产量 0.61 kg/m²，出实率 43.3%，母枝连续 3 年结果率 86.2%，稳产。

2. 品种特征特性　母树树冠圆头形，半开张。结果枝为

中长类型，疏密中等。叶片长椭圆形，色绿，雌雄花之比为
1∶6。总苞中大，扁椭圆形，刺束较稀，蓬刺短，苞皮薄，十
字形开裂。坚果椭圆形，红褐色，有光泽，茸毛少，单果重
9 g。栗果每千克 110～120 个，大小均匀，果肉细腻，糯性，
味香甜。品质上等。

该品种嫁接幼树长势强。遵化短刺果枝串为 59.1%，平
均每母枝着果 4.3 个，每蓬有栗子 2.2 个，单粒重 9.11 g，结
果系数达 82.72，空蓬率为 5.27%。

该品种在遵化 4 月上旬萌芽，4 月中旬展叶，6 月初雄花
初开，6 月 10 日左右盛开，6 月 15 日为末期；雌花 5 月 20 日
出现，5 月 26 日柱头分叉，6 月上旬新梢停止生长，果实膨大
期在 8 月中下旬，9 月中旬成熟，10 月下旬落叶。

3. 适栽地区及品种适应性 遵化短刺在各点栽培均表现
高产，树势强壮，由于其母枝适宜短截修剪，对防治栗瘿蜂有
利。在北京、河北等燕山产区和山东等省种植表现良好，可经
引种。

4. 栽培技术要点及注意事项 遵化短刺自花结实力较其
他单系高，但异花授粉仍可明显提高结实率。遵化短刺母枝短
截可结果，据在北十里铺村对其嫁接幼树母枝做短截试验（剪
去 1/2 以下），结果表明，其母枝短截后结实力较不截（对照）
还稍有提高。

十一、替码珍珠

1. 品种来历 替码珍珠（919）品种 1991 年选入初选圃，
经过复选、决选和生产试验，2001 年通过专家鉴定，2002 年
通过河北省林木品种审定委员会审定并命名。

2. 品种特征特性 该品种树势开张，枝条疏生，节间长
3 cm，叶片长椭圆形，叶姿平展，雄花长 14.7 cm，每枝有雄

花 10.7 条，雌花 2.1 个。蓬苞椭圆形，蓬刺短而疏(0.8 cm)，分生角度 40°～50°，成熟浅黄色，一字形开裂。每个蓬苞平均坚果 2.56 个，单果重 7.2～8.8 g，有光泽，果粒整齐，茸毛少，底座小，果肉黄白色，内种皮易剥离。

幼树嫁接亲和力强，成活率高，树势生长旺盛，结果第 3～4 年，部分果前梢 1～3 芽出现替码，4、5 芽抽生枝条照常结果。7～8 年替码率达到 27.5%。早果性状，嫁接第 2 年结果株率达到 87%，平均株产 0.34 kg。丰产和抗逆性强，嫁接 5 年，在连续 4 年极度干旱情况下，产量达到 2 835 kg/hm²，显著高于对照品种。

在迁西、兴隆等地，4 月 10 日萌芽，4 月 23～25 日展叶，6 月 8～10 日雌花盛花期，6 月 25～28 日雄花脱落，9 月 15 日栗蓬初裂，9 月 23 日栗果完全成熟脱落，11 月下旬落叶。

替码珍珠肉质细腻，糯性强，香味浓，含糖量 18.07%，含淀粉 53.41%，含蛋白质 7.83%，含脂肪 7.21%，每 100 g 含维生素 C 16.7 mg。

3. 适栽地区及品种适应性　替码珍珠结果早，产量高，适应性强，尤其是具有抗旱耐瘠薄、自然更新控冠、替码结果的独特性状。在北京、河北等燕山产区种植表现良好，可以引种栽培。

4. 栽培技术要点及注意事项

栽植密度：一般土壤以 2 m×4 m 或 3 m×5 m 栽植，瘠薄山地 2 m×3 m 或 3 m×4 m 为宜。

整形修剪：幼树期间不强调树形。当进入初盛果期后，逐步疏除层间辅养枝，形成疏散分层形树体结构。一般树高 3.5～4 m，层间距 1.5～1.8 m，基部 3 条主枝成三角形排列，上部 2 条主枝插空排列。控制幼树前期生长势，促生分枝。替码珍珠（919）嫁接后生长旺盛，当新梢长到 40～50 cm 时进行摘心，并摘掉顶端 2 个叶片，促生分枝。8 月上旬（立秋）

前后对未停长新梢进行第 2 次摘心，提高枝条养分积累，翌年形成结果枝。对未进行夏季处理的壮旺枝，冬季修剪时从枝条 1/3 饱满芽处短截，并根据枝条粗度从剪口连续刻芽 4～6 个，以分生更多的中庸枝，当年结果。幼树期三叉枝、四指枝、五掌枝较多，处理时即要保证前期高产，又要防止树冠过快外移，密植园过早郁闭。三叉枝，重短截中间粗壮枝（保留基部 2 个瘪芽）；四指枝，母枝较粗，可重短截一条较壮枝，利用 3 枝结果；五掌枝，短截 1 条壮枝，疏除 1 条弱枝，利用 3 枝结果。同时疏除过密层间枝，培养内膛枝组，使树体上下着光，内外结果。盛果期母枝自然更新控冠，更新后的母枝量与修剪时的留量基本相同，除疏除极弱枝、过密枝、无用枝外，很少调整母枝，比普通品种节省修剪用工 30％以上。

十二、燕山早丰

1. 品种来历 原代号 3113。河北省农林科学院昌黎果树研究所于 1973 年从迁西杨家峪村的栗树实生中选出。于 1989 年通过省科委组织的专家鉴定，确定为早实丰产优良品种，并被定名为燕山早丰。

2. 品种特征特性 该品种树冠高，圆头形，树姿半开张，分枝角度中等。每母枝抽生果枝 2.03 条，每果枝平均结蓬 2.42 个，总苞小，呈十字形开裂。平均单粒重 8 g，椭圆形，皮褐色，茸毛少，果肉黄色，质地细腻，味香甜，熟食品质上等。含糖量 19.67％，含淀粉 51.34％，含蛋白质 4.43％。该品种在燕山区域果实成熟期为 9 月上旬。

3. 适栽地区及品种适应性 该品种丰产、成熟期早、抗病、耐旱，是一个极受栗农欢迎的早实性优良品种。适宜北京、河北等燕山栗产区栽培。

4. 栽培技术要点及注意事项 定植时，株行距可采用

3 m×4 m 或密度加大，采用计划密植。幼砧嫁接后次年开花，3 年获经济产量，4 年生每公顷产量可达 4 995 kg。由于该品种极丰产，在栽培管理中要加强肥水，在修剪时，母枝留量要适中，枝量过大或肥水不足时常表现果实粒小、空蓬多。

十三、大板红

1. 品种来历　原代号大板 49。河北省农林科学院昌黎果树研究所于 1973 年由宽城县碾子峪村栗树实生中选出。1989 年通过省科委组织的专家鉴定，并被定名为大板红。

2. 品种特征特性　该品种树姿稍开张，树冠较紧凑，树势强，总苞大，皮薄。坚果圆形，红褐色，有光泽，茸毛中多。平均单粒重 8.1 g，果粒较整齐，肉质细腻，味甜，品质优良。果实含淀粉 64.22%，含糖量 20.44%，含蛋白质 4.82%。该品种在燕山区域果实成熟期为 9 月中旬。

3. 适栽地区及品种适应性　该品种适应性强，耐瘠薄，丰产，稳产，品质优良，适宜河北、北京及山东等地栽培。

4. 栽培技术要点及注意事项　定植时株行距可采用 2.5 m×4 m 或 3 m×4 m，一般管理即可获得丰产。

十四、东陵明珠

1. 品种来历　原代号为遵化西沟 7 号。从河北省遵化市西沟村选育。

2. 品种特征特性　树冠高大，扁圆形，树姿开张，结果母枝占总枝的 89%，结果母枝平均抽生结果枝 1.81 条，结果枝平均结苞 2.86 个，总苞内坚果 2.5 个。结果母枝粗壮，皮深褐色，茸毛少。叶片大，圆形，绿色，有光泽。雄花序多，每果枝着生雄花序 15 条，长 13.6 cm。总苞中等大，平均重

89.1g，刺束稀密中等，总苞皮厚 0.32cm。果实成熟时呈一字形裂开，坚果圆形，果顶微凸，果皮褐色，光亮，茸毛少，单果重 8.33g。果肉黄白色，质地细腻，味香浓，熟食品质上等。每 100g 果实中含可溶性糖 22.26g，含淀粉 53.16g，含蛋白质 7.02g。果实 9 月中下旬成熟。

3. 适栽地区及品种适应性 该品种适宜河北、北京及山东等地用于炒食栗栽培。品种生长势强，适应性强。

4. 栽培技术要点及注意事项 该品种幼树生长势强，发枝量大，结果后树势中庸，幼树嫁接后当年结果，3 年生株产 1.89kg，大树改接后 2 年生株产 12kg。

十五、遵达栗

1. 品种来历 选自河北省遵化市达志沟 1-3 号。

2. 品种特征特性 树冠高大，半圆头形，树姿开张，枝条分枝角度大，结果母枝萌芽率 78%，结果母枝占总枝的 86.8%，结果母枝平均抽生结果枝 1.9 条，结果枝平均结苞 2.65 个，总苞内坚果 2.7 个。结果母枝粗壮，雄花序少，每果枝着生雄花序 6.9 条，长 12.6cm。总苞中等大，平均重 66.5g，圆形，刺束密而硬，长 0.86cm，斜生黄绿色，总苞皮厚 0.31cm。果实成熟时呈一字形裂开，果实整齐饱满，果皮褐色，有光亮，茸毛少，单果重 7.04g。果肉黄白色，质地细腻，味香甜，熟食品质上等。每 100g 果实中含可溶性糖 23.95g，含淀粉 52.16g，含蛋白质 7.15g。果实 9 月中下旬成熟。

3. 适栽地区及品种适应性 该品种适宜河北、北京及山东等地用于炒食栗栽培。品种生长势强，适应性强。

4. 栽培技术要点及注意事项 该品种幼树生长势强，幼树嫁接后当年有产量，3 年生株产出 1.5kg，5 年生株产 4kg。

十六、塔丰

1. 品种来历　选自河北省遵化市，原名塔寺 54 号。

2. 品种特征特性　树冠高大，圆头形，树姿半开张，结果母枝萌芽率 69.4%，结果母枝连续 3 年结果率 84%，结果母枝平均抽生结果枝 2.18 条，结果枝平均结苞 1.65 个，总苞内坚果 2.5 个。结果母枝粗壮，雄花序少，每果枝着生雄花序 7.8 条，长 15.1 cm。总苞中等大，平均重 68.11 g，圆形，刺束中密，长 1.36 cm，斜生，黄绿色，总苞皮厚 0.29 cm。果实成熟时呈十字形裂开，坚果圆形，果顶微凸，果皮赤褐色，有光泽，茸毛少，单果重 7.19 g。果肉黄白色，质地细腻，味香，糯性，熟食品质上等。每 100 g 果实中含可溶性糖 26.29 g，含淀粉 54.13 g，含蛋白质 6.72 g。果实 9 月中下旬成熟。

3. 适栽地区及品种适应性　该品种适宜河北、北京及山东等地用于炒食栗栽培。品种生长势强，适应性强。

4. 栽培技术要点及注意事项　该品种幼树生长势强，树姿开张，结果早，幼树嫁接后当年有产量，嫁接后 4 年株产 10.1 kg。

十七、燕明

1. 品种来历　燕明是河北省农林科学院昌黎果树研究所从抚宁县后明山村 40 年生实生板栗树中选出的，1984 年进入三省一市板栗优良品种选种圃，原编号为 84-3，经过初选、复选、决选和多点区域试验培育而成，2002 年 6 月通过河北省林木品种审定委员会审定，命名为燕明。

2. 品种特征特性　植株生长势强，2 年砧木嫁接后 4 年冠

径达 2.9 m，树高 3.1 m，干周 30.2 cm；幼树雄花序长
13.45 cm，每个果枝抽生 4.4 条雄花序，雌雄花比为 1：4.4。
总苞大，重 58.3 g，椭圆形，总苞呈一字形开裂，刺束较密，
刺长 1.45 cm，刺硬，较细，斜生，成熟的蓬为淡绿色；坚果
椭圆形，单粒重 10 g，褐色，有光泽，果顶平，果基平整，果
皮茸毛少。该品系早果早丰，连续结果能力强，嫁接后次年结
果，第 3 年有经济产量，河北省昌黎果树研究所 1985 年嫁接
后的幼树（砧龄 2 年），接后 4 年平均株产 2.89 kg，每公顷产
量 1 806 kg。

燕明每个母枝抽生发育枝 2.3 条，果枝 3 条，着生蓬数
5.6 个，果实出实率为 57%，单粒重 9.6～10 g，每蓬坚果
2.5 个。坚果大而整齐，果肉黄色，易剥离，肉质细腻，有糯
性，香味浓。每百克栗果中含糖 20.27%，淀粉 50.75%，粗
蛋白 4.36%，适宜糖炒和加工。

在河北省昌黎果树研究所观察，4 月 6 日萌芽，4 月 24 日
展叶，4 月 27 日新梢生长，6 月 7 日雌花盛花期，6 月 3 日雄
花盛花期，9 月 25 日果实成熟期，10 月底 11 月初为落叶期。

3. 适栽地区及品种适应性　本品种可以密植，土壤条件
较好时可按 2 m×4 m 栽植，土壤条件较差可按 2 m×3 m 栽
植。该品种幼树生长旺盛，夏剪时摘心，促生中庸果枝。随着
树冠扩大和母枝数量的增多，逐步疏除辅养枝，打开层间距，
采用截强留中庸、截直立留平斜的轮替更新修剪方法，培养层
间结果枝组。盛果期树因花量大，坐果率高，应增加肥水并加
强病虫害防治工作。

十八、京暑红

1. 品种来历　本品种的母株为北京市怀柔区渤海镇六渡
河村的实生树，树龄 80 年以上，果实极早熟，一般在处暑

节气（8月23日）始熟，9月5日前采收完毕。北京农学院2004—2010年在对该母株进行嫁接试验后，经区域性试验及生产试栽，表现出丰产、优质和极早熟的特点，特别是早熟性状能够稳定遗传。2004年选育之初课题组将该品种命名为H1，2011年8月经专家组评审后正式定名为京暑红。

2. 品种特征特性　树势中庸，树冠扁圆头形，树体较开张，主枝分枝角度40°～60°。树皮灰褐色，有深纵裂。1年生新梢灰绿色，茸毛少，皮孔圆形至椭圆形，灰白色，小而密。混合芽扁圆形，中大，褐色。叶片长椭圆形，基部楔形，先端渐尖，叶长18.4 cm，宽7.6 cm；叶色绿且质较厚，正面光亮，较平展，叶姿下垂；叶缘锯齿向外；叶柄黄绿色，平均长度1.6 cm。

平均果枝着生雄花序9.1条，雄花序平均长14.4 cm，结果枝均长25.9 cm，粗3.6 mm，着生混合花序2.6条，结蓬2.8个。

总苞椭圆形，长5.8 cm，宽4.8 cm，高5.4 cm，平均质量40.2 g，每苞平均含坚果2.1个，苞皮较薄，刺密，出实率41.2%。坚果整齐，平均单粒质量8.2 g，平均果径2.7 cm×2.2 cm×2.5 cm，红褐色，光滑美观，有光泽。果肉含水量57.2%，灰分2.0%，脂肪4.5%，蛋白质5.6%，总糖20.4%，淀粉38.2%，氨基酸1.5%。内果皮易剥离，果肉黄色，质地细糯，风味香甜。

嫁接3年后，每结果母枝平均抽生枝条5.8条，其中营养枝1.6条，雄花枝1.4条，结果枝2.8条；结果枝平均长29.8 cm，粗3.7 mm，着生混合花序2.5条，结蓬2.3个，出实率38.5%，空蓬率5%，平均株产2.5 kg。

在北京地区4月中旬萌芽，4月下旬至5月上旬展叶，6月中旬盛花，8月下旬果实开始成熟，一般年份8月23日栗苞开裂采收，9月5日前采收完毕。果实发育期75 d左右。11月上旬落叶。

3. 适栽地区及品种适应性 适宜北京及河北燕山板栗产区密植栽培，株距2~3 m，行距3~4 m。授粉树配置以燕山红栗、燕山早红为宜。

4. 栽培技术要点及注意事项 树形宜采用自然开心形，每平方米树冠投影面积留结果母枝8~12个，注意开张角度。盛果期修剪疏缩结合，保持良好的通风透光条件，促进主体结果。生长期注意对红蜘蛛、桃蛀螟等害虫的防治。由于采收期早，白天气温仍较高，建议及时拾栗。如果打栗采收，应及时脱蓬，防霉烂。

十九、短花云丰

1. 品种来历 短花云丰是从中国栗实生芽变中选育的新品种，母树生长在北京市密云区大城子乡山地上，树形为自然开心形，树高3.3 m，干周80 cm，干高20 cm，冠径东西4.47 m，南北4.52 m。雄花少且耐瘠薄、丰产稳产的板栗品种。

2. 品种特征特性 短花云丰叶呈长椭圆形，叶尖渐尖，具浅锯齿，叶片光泽鲜亮，斜生至水平，叶基宽楔形，叶片长15.4 cm，宽7.0 cm，叶柄长1.981 cm，粗0.183 cm，叶脉与主脉分角较大平均为49°。雄花序长度0.5~2.8 cm。总苞扁椭圆形，均重45.4 g，外被刺束，每10~15刺成一束，刺较硬，刺长1.2 cm。总苞皮厚2.7 mm，成熟时总苞呈黄绿色或浅褐色，呈一字形开裂。平均每苞内含坚果2.6粒，坚果均重8.2 g，肾形，外皮深红色至棕红色，厚0.438 mm，有光泽，茸毛较多，主要分布于果尖与果顶，涩皮易剥离。果肉为淡黄色，糯质，适宜炒食。坚果含总糖20.5%，淀粉

31.10%，蛋白质 5.7%，脂肪 0.25%。结果母枝平均抽生结果枝 3.26 条，每条结果枝平均着生总苞 1.58 个，出实率为 39.1%。

3. 适栽地区及品种适应性 短花云丰自 1997 年通过嫁接无性系，建立复选圃复选，2002 年进入中试，在密云、怀柔、昌平及河北遵化进行区域性试验。在密云试验区，品种丰产性与稳产性好，平均产量 3 000 kg/hm²。

4. 栽培技术要点及注意事项 短花云丰适宜密植栽培，株距 2～3 m，行距 3～4 m。自花结实率较低，需配置授粉树，以燕山红栗、燕昌栗、燕山魁栗等品种为宜。树形宜采用自然开心形和疏散分层形，初果树修剪以疏枝为主，每平方米树冠投影面积留枝 8～10 条，并要注意开张角度。盛果期修剪疏缩结合，合理培养、利用挂枝，及时回缩控冠，保持良好的通风透光条件，促进主体结果。同时要适当增加肥水供给，加强土壤管理，以维持相对稳定的产量。

二十、沂蒙短枝

1. 品种来历 沂蒙短枝板栗母树是一自然杂交种，1958年山东省莒南县西相沟村从石河村购种育苗，1960 年定植于该村石岭北坡。1981 年莒南县林业局发现该短枝型优株。1981—1983 年，临沂市板栗良种选育小组对该单株连续观察 3 年，并作为优系栽植在日照市高接复选圃。遂于 1989 年建密植试验园 2 620 m²，1990 年春嫁接，1991 年结果，经 7 年观察，确认其短枝优良性状稳定，1994 年 9 月通过日照市科委组织的专家鉴定，并定名为沂蒙短枝。1996 年该项成果获林业部科技进步三等奖。

2. 品种特征特性
植物学特征：树体矮小，树冠紧凑。结果母枝较短，平均长 12.2 cm，粗 0.57 cm。雌花序较多，每果枝 6～9 穗，雌雄花序数之比为 1：（3～5）。盛果期树果前抽生的新梢短，平均长 2.7 cm，突然变细，粗度为蓬后部的 1/2，蓬前有 3～5 个芽。枝条节间短，平均长 1.5～2 cm。刺苞中大，总苞苞刺分枝，长 1.4 cm，排列紧密。

生长与结果习性：幼树生长健壮，不徒长。平均每结果母枝抽生结果枝 2.5 条，每果枝自然成蓬 3～6 个，平均保留 2 蓬，每蓬平均有坚果 2.3 粒，出实率 40.8%。自花不结实，异花授粉着蓬率高，空蓬率为 2%～3%。母枝连年结果能力强，丰产稳产性能好。该品种枝条耐短截，基部芽抽生果枝率高。在盛果期旺树上，对外围健壮结果母枝留 2～3 芽重短截，抽生结果新梢的占 69%～81%，每短截枝平均抽生果枝 1.51 条。枝条越粗壮，抽生果枝率越高。该品种始果期早，坐果率高，丰产性强。

果实特性：果实为红棕色，有油光，平均单果重 8.4 g，果粒整齐，果肉黄白色，质地细糯，风味香甜，涩皮易剥离。果肉含总糖 5.6%，淀粉 34.53%，蛋白质 3.93%，灰分 2.56%，水分 53.03%，属品质优良的炒食栗。

物候期：在山东省莒县，4 月上旬大芽萌动，4 月中旬发芽，雌雄花初花期在 6 月上旬，盛花期在 6 月中旬，末花期在 6 月下旬。栗蓬迅速膨大期在 8 月中旬至 9 月中旬。9 月下旬果实成熟，11 月上旬落叶。

3. 适栽地区及品种适应性 该品种较耐瘠薄、抗风、抗病虫害，对叶螨有较强的抗性。1995 年叶螨大量发生，试验园内的九家种叶片受到严重危害，叶片失绿变白，而沂蒙短枝叶片却浓绿光亮。可以在山东沂蒙山区、江苏北部地区栽种。

4. 栽培技术要点及注意事项 选择土层较深厚、中等以上肥力、通气性良好的微酸性土壤建园。宜采用密植方式定植，行株距 2 m×1.25 m、2 m×1.5 m、2.5 m×1.5 m 均可。

选用具有短枝性状的九家种做授粉树。沂蒙短枝与授粉树的比例一般以（4～6）∶1 为宜。每公顷施有机肥 75 000 kg，栽后充分灌水，然后每株覆盖 1 m² 地膜。

每年每公顷施有机肥 75 000 kg 和 18% 过磷酸钙 50 kg。隔年与有机肥混施 11% 硼砂 3 kg。生长期追肥 3 次。叶面喷肥 4 次，每年施基肥后、发芽前追肥后和采收前半个月各灌水 1 次。

整形修剪：适宜树形为多主枝开心形。1～3 年生幼树生长期及时摘心，促生分枝，在距地面 20～50 cm 处选留 3～5 条方向适宜的主枝，每个主枝见缝插针地选留 1～2 条侧枝。夏剪时对生长强旺的新梢于 20～25 cm 处摘心，尤其注意对"霸王枝"的摘心，保证树冠均衡生长。4 年生以后冬剪适当疏除细弱枝、无顶芽枝和过密的雄花枝，保留壮枝，每平方米树冠投影面积保留 20～25 条结果母枝为宜。严格疏果，平均每结果新梢留刺苞不超过 2 个。

二十一、怀丰

1. 品种来历　1974 年在北京市怀柔区九渡河镇山地栗园中发现 1 株树龄 60 年的实生树（俗称四渡河 2 号），嫁接繁殖后于 20 世纪 90 年代开始推广及生产试验。经过多年观察、品比和区域试验，表现结实力强、优质、丰产等特性，2010 年 9 月通过北京市林木品种审定委员会审定，命名为怀丰。

2. 品种特征特性　怀丰树冠自然开张，结果母枝粗壮，每结果母枝平均抽生结果枝 3 条，结果枝长 27.32 cm，粗 0.53 cm。叶片倒卵状椭圆形，叶色浓绿，叶柄长 1.41 cm。每结果枝平均着生混合花序 2.2 条，着生雄花序 5.8 条，雄花序长 16.80 cm。每结果枝着生栗苞 2～4 个。总苞椭圆形，平均质量 52.1 g，每苞平均含坚果 3 个，成熟时多呈一字形开裂，出实率 45.8%，空苞率 1.5%；苞皮厚度中等，刺束中密，长 1.85 cm。坚果偏圆形，果顶微凸，黑褐色，极少茸毛；整齐度高，平均单粒重 8.9 g；果肉黄色，煮食质地甜糯，鲜食风味香甜，成熟果果肉含水量 54.80%，总糖 6.73%，淀粉 39.80%，粗纤维 1.30%，脂肪 0.90%，蛋白质 5.25%。适应性强，耐瘠薄。北京地区 4 月初至 4 月中旬萌芽，4 月下旬至 5 月上旬展叶，6 月上旬盛花，9 月中上旬果实成熟，一般年份 9 月 13 日前后栗苞开裂采收。果实发育期 100 d。11 月上旬落叶。早实性不强，后期丰产。嫁接后 6 年进入盛果期，6 年生树株产 3.5 kg，12～15 年生树株产 6.6～8.7 kg。平均产量 4 051.5 kg/hm²，较北京地区主栽品种燕山红栗和燕昌栗分别高 41.3%和 46.9%。

3. 适栽地区及品种适应性　北京及气候相似区域的河滩地及丘陵山地均适宜栽培。

4. 栽培技术要点及注意事项　山地丘陵薄地株行距 3 m×4 m，平地、河滩地 4 m×4 m。整形干高 0.5 m，主枝留 4～5 个。幼树以夏季管理为主，摘心控制新梢旺长；盛果期后以冬剪为主，每平方米树冠投影面积留结果母枝 8～10 条；老树及时回缩更新复壮，加强夏季管理。每年秋施基肥 1 次，追肥 1～2 次，果实膨大期为关键追肥期，以磷、钾肥为主。

二十二、燕金

1. 品种来历　早熟板栗新品种燕金来源于燕山野生板栗。其母株位于河北省宽城县王厂沟村一山地栗园，树龄 120 年。1992—1999 年，在河北省昌黎果树研究所板栗育种基地对由母株嫁接的无性系植株进行了主要农艺性状评价；1999—2013 年，在河北省平泉县、宽城县和兴隆县进行了多点区域试验，表现出农艺性状稳定。2013 年 12 月该品种通过河北省林木品种审定委员会审定并命名为燕金。

2. 品种特征特性　树体生长势强，树冠紧凑，树姿直立。结果母枝平均长 34.4 cm，粗 0.74 cm，节间 1.75 cm，无茸毛，分枝角度小，每枝平均着生刺苞 1.98 个，次年平均抽生结果新梢 2.80 条。雄花序平均长 8.50 cm，每果枝平均着生雄花序 7.31 条。刺苞椭圆形，平均单苞质量 43.2 g，苞内平均含坚果 2.1 粒，成熟时十字形或一字形开裂。坚果椭圆形，紫褐色，油亮，果面茸毛少，底座大小中等，接线月牙形，整齐度高。果肉淡黄色，糯性，口感香甜，质地细腻。坚果单果质量 8.2 g，含水量 47.25%，可溶性糖 22.75%，淀粉 55.12%，蛋白质 5.06%，耐贮性强，适宜炒食。出实率 38.5%。在河北省燕山地区芽萌动期 4 月 19 日，展叶期 5 月 5 日，雄花盛花期 6 月 14 日，雌花盛花期 6 月 19 日，果实成熟期 9 月 8 日，落叶期 11 月上旬。幼树结果早，产量高，嫁接 4 年即进入盛果期，盛果期平均产量 3 500 kg/hm²，无大小年现象。

3. 适栽地区及品种适应性　燕金耐旱，耐瘠薄，在干旱缺水的片麻岩山地、土壤贫瘠的河滩沙地均能正常生长结果。抗寒性强，在中国北方板栗栽培区北缘无冻害。适宜中国北方板栗栽培区北缘（河北省平泉县、宽城县、兴隆县等）土壤 pH 5.4～7.0 的山地、丘陵栽植。

4. 栽培技术要点及注意事项　燕金采用先定植板栗实生苗后嫁接该品种的方式建园，初始密度可为 2 m×4 m，树冠扩大间伐后密度可为 4 m×4 m。授粉品种选用燕晶、燕光、燕山早丰等花期一致的品种。树形以主干疏层延迟开心形最佳，干高 0.5～0.6 m，第一层留 3～4 条主枝。第二层留 2～3 条主枝，盛果期大树采用轮替更新修剪技术来培养结果枝组，结果母枝留量保持 6～9 条/m²。每年 4 月上旬结合浇水施入复合肥，采果后施入有机肥。

二十三、怀香

1. 品种来历　怀香为自然生长板栗树，母树生长在怀柔区渤海镇渤海所村山地板栗园，树龄60年生，园中全部为自然生长的实生、散生大树。2000年以前，发现一株板栗树树姿自然开张、连年结果能力较强、丰产稳产、栗实大小均匀饱满，初选为优良单株。2001年进行小面积嫁接，嫁接树第2年结果，第3年有一定产量，且连年结果能力强。2004年开始，采用多点嫁接、高接等技术繁殖接穗，进行区域试验及扩繁，对该优良单株主要性状进行系统研究与评价。2007年确定为优良品系。2013年12月通过北京市林木品种审定委员会审定，命名为怀香。

2. 品种特征特性　怀香树姿自然开张，树干灰褐色；1年生枝灰绿色，粗壮，皮孔密而明显、灰白色。叶片倒卵状长椭圆形，深绿色，长19.25 cm、宽8.59 cm，先端渐尖，基部广楔形，叶柄长1.41 cm；叶缘钝锯齿形，外向生长。混合芽大而饱满，呈扁圆形，雌雄同株。平均每条结果枝着生雄花序8.8条，雄花序平均长13.80 cm；雌花序着生均匀，每条结果枝平均着生雌花序2.1条；果前梢长16.40 cm。

栗苞呈长椭圆形，纵径5.51 cm，横径6.74 cm，平均单苞重45.11 g，苞皮厚度中等；刺束中密，较短，长0.95 cm，平均每个栗苞含坚果2.60粒，果实成熟时栗苞一字形开裂，外被呈浅白色。坚果偏圆形，坚果果形整齐，平均纵横侧径2.38 cm×2.74 cm×1.86 cm。平均单粒重8.10 g，大小均匀，整齐度为74.46%。红褐色，光滑有暗纹，色泽美观，果顶微凸，极少茸毛，底座中等。内果皮较易剥离，果肉黄色，熟食质地甜糯，鲜食风味香甜。坚果水分含量61.40%，蛋白质含量3.77%，脂肪含量0.60%，粗纤维含量1.20%，果糖含量

0.90％，葡萄糖含量 0.41％，蔗糖含量 0.73％，淀粉含量 33.80％，钙含量 150.50 mg/kg（鲜样）。

在北京市怀柔区，怀香 4 月下旬萌芽，5 月初至 5 月中旬展叶，6 月中旬盛花，果实 9 月下旬成熟，一般年份 9 月 20～24 日栗苞开裂采收，果实发育期 100 d 左右，11 月上旬落叶。

3. 适栽地区及品种适应性　怀香优良性状遗传稳定，与砧木嫁接亲和力强，结果早，丰产稳产，抗桃蛀螟能力强，耐土壤瘠薄，适应性强，果实经济性状表现稳定，适宜在北京地区及与北京市气候相似、适宜种植板栗的地方栽植。

4. 栽培技术要点及注意事项　怀香栗园建在土层厚的平地、丘陵等地块，行株距以 3.5 m×3.0 m 为宜，每公顷栽植 945 株。山地、河滩薄地行株距以 4.0 m×3.0 m 为宜，每公顷 825 株。基肥最好在板栗果实采收后施入，根据区域试验结果，每生产 1 kg 板栗施入 5 kg 优质有机肥，加施少量氮磷钾复合肥。春季施基肥最佳时期为 3 月上旬前土壤返浆期。追肥关键时期为萌芽期（4 月上中旬）、胚乳形成期（6 月中下旬）、种实发育期（8 月中下旬）。灌水的重点时期是萌芽期、开花期、秋季栗实增长期。怀香树形采用自然开心形或疏散分层形。嫁接幼树当年加强夏季管理，新梢生长至 25～30 cm 时摘心，以增加枝量，控制徒长。冬剪以整形为主，建造合理的枝、干骨架，一般每株树留主枝 4～5 条，主枝交错排列，下密上稀，每平方米树冠投影面积留结果母枝 8～10 条，并要注意开张角度。盛果期树修剪以疏剪、回缩、短截相结合，控制结果部位外移，减少树冠无效容积，保持良好的通风透光条件。主要防治红蜘蛛、栗实象和桃蛀螟。

二十四、泰安薄壳

1. 品种来历　泰安薄壳板栗是山东省果树研究所 20 世纪

60 年代初从实生栗树中选出的优良品种。栗实美观、整齐，符合出口标准，且抗旱耐瘠薄，适应范围广，抗病虫能力也强，河滩、平原、山地、丘陵地均宜栽培，现已遍及山东各栗产区，山东省外也已广泛引种栽培，生长结果表现良好，生态、经济效益十分显著。

2. 品种特征特性 泰安薄壳板栗的幼树树姿直立，大量结果后树势缓和，连续结果能力较强，盛果期每公顷可产坚果 4 500 kg 左右，且连续丰产稳产。树冠高圆头形，初结果树结果母枝较长而且粗壮，平均每结果枝着生 1.9 个总苞。单苞重 50 g 左右，扁椭圆形，刺束极稀。总苞皮很薄，平均每苞含坚果近 3 个，出实率 58%，比其他板栗品种约高 10%。因总苞皮薄，刺束很稀，不利于害虫潜藏产卵危害。在泰安 4 月上旬萌芽，6 月初盛花，9 月 20 日前后果实成熟。坚果近圆形，底座甚小，平均单果重近 10 g，果皮棕红色或深褐色，光泽特亮，大小整齐，充实饱满，果皮薄，易剥离。栗肉细糯香甜，含水量 44.5%，含糖量 19%，淀粉 66.4%，脂肪 3.0%，蛋白质 10.5%，品质甚优，商品价值大。极耐贮藏。

3. 适栽地区及品种适应性 宜选土层深厚、透气性强的微酸性土壤栽植，沙石山和平原沙壤土均可，最适土壤 pH 为 4.5～7，不宜在石灰岩山地和次生盐碱地及滨海盐碱地栽培。适宜种植区：山东、河北及江苏北部引种栽培。

4. 栽培技术要点及注意事项 在丘陵山地栽培时，株行距 3 m×4 m 或 3 m×5 m，河滩平地为 4 m×5 m 或 5 m×6 m。宜选用红栗 1 号、华丰、华光、红光栗等做授粉树，配置比例按 3∶3 或 5∶1。在加强土肥水管理的条件下栽培，更能发挥其增产潜力，结果母枝粗壮，结果早，易获得丰产稳产。整形修剪时宜采用主干疏层延迟开心形和低干矮冠自然开心形。幼树阶段生长旺盛，枝条角度小，应对骨干枝进行拉枝开角，开张角度至 50°～60°，对幼树的旺枝也可摘心，以增加壮枝数量，缓和树势，提早结果。进入盛果期后，适当加重修剪量，按每平方米树冠投影面积留 10 条左右的结果母枝，并进行轻度回缩更新，使树势始终保持中庸健壮，防止树势衰弱和出现大小年结果现象，提高坚果产量和质量。

二十五、燕兴

1. 品种来历　燕兴母树为河北省承德市兴隆县山地丘陵一株 40 年生实生栗树，具有丰产、优质、短截可结果、耐瘠薄等特性。1992 年对其进行高接初选鉴定，1995—2011 年进行复选、决选和多点区域试栽，表明其农艺性状稳定，丰产性、抗寒性优于对照品种燕奎和燕山短枝。2012 年 1 月该品种通过河北省林木品种审定委员会审定并命名。

2. 品种特征特性　树势中庸，树姿较紧凑，树冠自然圆头形。多年生枝灰褐色，一年生枝绿色。结果母枝平均长 26.4 cm，粗 0.74 cm，节间 1.53 cm，无茸毛，分枝角度中等，每枝平均着生刺苞 1.83 个，翌年平均抽生果枝 2.73 条，基部芽体饱满，短截后翌年能抽生结果枝。皮孔不规则，小而稀。混合芽近圆形，褐色，饱满。叶片长椭圆形，斜生，浓绿色，叶背绒毛稀疏，叶尖渐尖。叶姿较平展，锯齿小，斜向前。叶柄淡绿色。雄花序平均长 8.52 cm，每果枝平均着生雄花序 7.81 条。刺苞椭圆形，平均单苞质量 50.80 g，苞内平均含坚果 2.70 粒，苞皮厚度中等，成熟时十字形或一字形开裂。刺束平均长 1.12 cm，斜生，中密，硬度中等，分支角度大，成熟时黄绿色。坚果椭圆形，褐色，有光泽，整齐度高，底座大小中等，接线平直。果肉黄色，口感细糯，风味香甜。坚果单果质量 8.20 g，含水量 49.84%，可溶性糖 22.23%，淀粉 52.90%，蛋白质 4.85%，脂肪 2.09%，耐贮藏，适宜炒食。出实率 39.05%。

幼树结果早，产量高，嫁接 4 年即进入盛果期，平均产量 4 500 kg/hm²。丰产稳产性强，无大小年现象。耐旱，耐瘠薄，在干旱缺水的片麻岩山地、土壤贫瘠的河滩沙地均能正常生长结果。抗寒性强，在中国板栗栽培北缘临界区无明显冻害。

在河北燕山地区芽萌动期 4 月 20 日，展叶期 5 月 9 日，雄花盛花期 6 月 16 日，雌花盛花期 6 月 20 日，果实成熟期 9 月 15 日，落叶期 11 月上旬。

3. 适栽地区及品种适应性　燕兴耐寒性强，适宜在燕山板栗栽培区域（河北迁西、宽城、兴隆等县）pH 5.4～7.0 的片麻岩山地、丘陵栽培。

4. 栽培技术要点及注意事项　燕兴在良好土壤条件下种植密度可为 2 m×4 m，较差土壤条件下为 2 m×3 m，间伐后为 4 m×（4～6）m。以板栗实生苗为砧木嫁接建园，授粉品种可选用燕晶、燕光等花期一致品种。树形以自然开心形为主，干高 0.5～0.6 m，留 3～5 条主枝，翌年采用拉枝刻芽促成花技术，产量可达 1 500 kg/hm²，盛果期树体采用轮替更新修剪技术来培养层间结果枝组。每年秋施基肥 1 次，4 月上旬和 6 月上旬结合浇水追施复合肥 2 次，以磷、钾肥为主。

二十六、良乡 1 号

1. 品种来历　2002 年在北京市太行山区房山区佛子庄乡北窖村发现一株约 90 年生的实生栗树，具有早实丰产、品质优、适宜炒食等特点。2003—2013 年对该母株进行嫁接试验，并以北京地区主栽板栗品种燕红做对照，分别在房山区、密云区、怀柔区等地进行区域性试验和品种比较试验，无性系后代在坚果单粒质量、产量方面优于母株，早实性强，嫁接后次年结果。2013 年 12 月通过北京市林木品种审定委员会审定，正式命名为良乡 1 号。

2. 品种特征特性　树冠圆头形，结果母枝较粗壮，长 26.20 cm，粗 9.50 mm；平均每结果母枝抽生结果枝 2.4 条，结果枝长 24.70 cm，粗 5.40 mm，平均着生栗苞 2.2 个。叶片浓绿色，倒卵状椭圆形，长 23.50 cm，宽 12.32 cm。雄花序长 20.30 cm，平均每一结果枝着生纯雄花序 10.1 条，着生混合花序 2.2 条。总苞椭圆形，平均质量 66.51 g；总苞皮平均厚度 3.5 mm，刺束平均长度 17.22 mm。坚果椭圆形，平均质量 8.2 g；坚果皮褐色，果顶微凸，极少茸毛，果面光滑美观，有光泽；底座中等；坚果接线较平直，长 26.87 mm；坚果整齐度高，整齐度系数 78.2%。坚果内果皮较易剥离，果肉乳白色，肉质细腻，品质上等；坚果果肉含水量 46.2%，总糖 12.3%，淀粉 47.5%，粗纤维 1.7%，脂肪 0.9%，蛋白质 4.1%。

在北京地区 4 月 15 日前后萌芽，4 月下旬至 5 月上旬展叶，5 月 8 日前后雄花序初现，5 月 20 日前后雌花初现，6 月上中旬雄花序盛开，6 月底进入末花期；7 月初至 8 月下旬为果实发育期；9 月中上旬果实成熟，一般年份 9 月 18 日前后栗苞开裂采收，属于中熟品种。

3. 适栽地区及品种适应性　良乡 1 号适应性强，能在土壤为酸性或弱碱性的沙石山地、河滩地、平原栽培。

4. 栽培技术要点及注意事项　在平地、河滩地建园株行距以 3 m×4 m 为宜，山地、丘陵薄地以 3 m×3 m 为宜。树形多主枝开心形，留 4~5 条主枝，交错排列，下密上稀。每平方米树冠投影面积留结果母枝 10~12 条。冬季修剪对树冠外围结果枝组采取"一长放、一短截、一疏除"的修剪方法，避免果枝过分外移；夏季修剪主要采取摘心与拉枝措施，摘心控制新梢旺长。基肥在果实采收后施入。根据区试结果，每生产 1.0 kg 栗实需施入优质有机肥 5 kg，结合灌溉，施少量氮、磷、钾复合肥。春季 3 月上旬为最佳施肥期，可增加雌花数量。追肥关键时期为萌芽期（4 月上旬）、胚乳形成期（6 月中下旬）和种实发育期（8 月中旬）。灌水的重点时期是萌芽期、开花期（5 月中旬至 6 月上旬）和秋季板栗果实膨大期（8 月上旬至 8 月下旬）。

二十七、烟泉

1. 品种来历　烟泉是山东省烟台市林科所 1989 年育成。

2. 品种特征特性

植物学特征：幼树树姿直立；成龄树树冠较开张呈圆头形。每果枝上有雄花序 10 条左右，花开时呈黄色。幼蓬圆形淡绿色，采收时扁椭圆形黄色。栗实深褐色，油光发亮，为明栗。

生物学特性：幼树枝条年生长量 1 m 左右；成龄树果枝 30 cm；结果母枝抽生各类枝条的比例，发育枝低于 1%，结果枝为 31%，雄花枝为 24%，纤弱枝为 45%。剪截一年生壮枝或疏、缩多年生枝时，基部芽或隐芽均可萌发成枝，并有较强的基部芽结果习性，具有成花易、结果早和产量高之特性，栗蓬多着生在 12 节以上，每果枝上雌雄花序之比，大体为 1∶6.6。

有成花和高产稳产之优点，苗砧嫁接，5 年便可进入丰产期，低产树换头，当年便可结果，2～3 年便可丰产。成龄树每母枝抽生果枝 2.3 条，每果枝结蓬 1.5 个，每蓬有栗实 2.4 粒，空蓬率低于 5%，出实率高达 38%，并有较强的基部芽结实能力。栗实个头均匀整齐，色泽美观。每千克 120 粒，炒食质糯，风味香甜适口，品质上乘，果实耐贮性强。

3. 适栽地区及品种适应性　适宜生长在山阳坡的山脚以下或沟谷两岸、河滩沙地、平原或四旁隙地等处。要求土壤较深厚、肥沃、pH 为 6～7 的壤土或沙壤土。适宜在山东省、河北省及江苏北部引种栽培。

4. 栽培技术要点及注意事项 旱薄梯田山丘每公顷栽植525～675 株；河滩沙地与平原每公顷栽植 375 株左右；梯田堰边只栽植 1 行，株距 2～3 m 为好。每一年必须抓好发芽水、花前水、灌浆水和施基肥后的 4 次灌水。

整形修剪：理想的树形是低干（40～60 cm）、中冠（冠径4～5.5 m，冠高 4.5～5.5 m）、少主枝（3 个主枝）、少侧枝（每主枝上有侧枝 3 个）、多枝组的开心自然形。修剪的特点是：幼树时期一年四季都要进行修剪。春季及时抹除砧萌，夏季对旺枝多次摘心；秋季随时剪除秋花秋蓬枝段，9 月下旬一次剪除继续生长枝的未木质化枝段；冬季短截骨干延长枝，并疏去少数竞争枝和全部纤弱枝。对成龄树要继续培养好树体骨架结构；及时回缩或疏除过多的过渡枝与辅养枝；培养、调整和更新结果枝组，疏除全部纤弱枝、雄花枝、病虫枝和回缩下垂枝与延伸过长且前端衰弱的多年生枝。冬季修剪后，每平方米树冠投影面积要保留合理的壮枝数量，在一般情况下，群体间空隙大应留有 13～15 条；群体间相近或相接触时，留 8～13 条。

二十八、林冠

1. 品种来历 1982 年在河北省太行山区邢台县浆水镇下店村发现大粒、丰产、黄色栗仁的优良单株，原代号为明栗，母树约 100 年生，现生长结果正常。经过连续 5 年观察对比，表现为果实粒大，丰产，栗仁黄色，加工甘栗仁、栗仁罐头时果肉不易褐化，加工性状优于白色栗仁品种，作为加工专用型优良单株入选。经过嫁接观察，早实，嫁接当年即开花，翌年结果，4～5 年进入盛果期。2009 年 12 月通过河北省林木品种审定委员会审定，命名为林冠。

2. 品种特征特性 树势健壮，树姿较直立，树冠圆头形。新梢黄绿色，多年生枝深褐色。皮孔扁圆形，白色，中密。混合芽三角形，芽鳞黄褐色，芽体饱满。叶片长椭圆形、长椭圆状披针形；叶尖渐尖，叶缘刺芒，有锯齿或锯齿芒状；叶基近圆形，叶表面绿色，背面灰绿色。每母枝结蓬 3.9 个，每栗蓬有坚果 2.5 个。栗蓬椭圆形，刺束较稀、长，成熟时栗蓬十字形开裂。坚果扁圆形，果皮深褐色；果肉黄色，质地细腻、糯，味香甜，涩皮易剥离；坚果大，单粒重 11.91 g，含可溶性糖 26.12%，淀粉 54.62%，粗脂肪 5.79%，总蛋白质 4.62%，可溶性蛋白质 2.51%。适于加工成甘栗仁、栗仁罐头等。

在河北邢台 4 月上旬萌芽，4 月中下旬展叶，5 月中旬至 6 月中旬雄花期，5 月下旬雌花期，9 月 10 日左右果实成熟，11 月中旬落叶。早实丰产，栽植第 2 年可结果，5 年进入盛果期，平均每平方米树冠垂直投影面积产量 1.77 kg，产量 6 000 kg/hm² 以上。

3. 适栽地区及品种适应性 林冠抗病性强，耐干旱，耐瘠薄。适宜在河北太行山、燕山片麻岩风化的沙壤土或沙质土地区推广。

4. 栽培技术要点及注意事项 栽植地宜选择土层深厚的山地梯田、缓坡地或平地，土壤 pH 7.0 以下。株行距 (2.5~4) m × (4~5) m。授粉树可选择紫珀、丰收 2 号，比例 (4~5) : 1。树形自然开心形或小冠半圆形，采用双枝更新方法防止结果部位外移。宜加强肥水管理。每年秋施基肥，有机肥施用量为当年板栗产量的 5~10 倍，磷肥与产量接近或略少，硼砂每平方米树冠垂直投影面积施 10~15 g。肥料与土壤混匀后填入 20~60 cm 土层内。春季发芽后的雌花分化发育期和 7 月上中旬的幼果旺盛生长期追肥，幼树株施尿素 0.1~0.3 kg 和果树专用肥 0.2~0.5 kg；盛果期树株施尿素 1~1.5 kg 和果树专用肥 2~2.5 kg，放射与环状沟施交替。5 月上中旬混合花序出现时疏雄 90％～95％。芽萌动前后、开花坐果期和冬季土壤封冻前灌水。

二十九、华丰

1. 品种来历　华丰板栗为 1978 年利用杂种 12 号（野板栗×板栗混合花粉的杂交后代）和板栗互为父母本进行人工套袋杂交，选出的新品种。表现早实丰产、品质优良、抗逆性强等优良性状。1990 年通过山东省验收鉴定，并正式定名为华丰板栗。

2. 品种特征特性　该品种树冠呈圆头形。混合芽大而饱满，呈扁圆形。雄花序中等，每果枝着生雄花序 7 条，长17 cm；混合花序刚出现时为金黄色。总苞椭圆形，苞皮较薄，刺束较稀而硬，总苞柄较长，总苞多呈一字形开裂。

幼树生长势强，成龄后树势渐趋缓和。中幼砧木嫁接后 7年生树高 4.4 m，冠径 3～4 m，干周 60 cm；果前梢大芽多至13 个左右，枝条中下部至基部芽大而饱满，适于短截更新修剪。萌芽率较高，成枝力较强，细弱枝较少。每结果母枝抽生结果枝近 3 条，每果枝平均着生总苞 2.6 个，每苞平均有坚果2.9 个。出实率在 56％以上，空苞率仅 1.6％。连续结果能力强，丰产稳产性能好。

华丰品种坚果为椭圆形，平均单果重 7.4 g，果粒整齐，红棕光亮，果肉黄色，质地细糯。风味香甜。果肉含糖19.7％，淀粉 49.3％，脂肪 3.3％，充分表明其为整齐美观、品质优良的炒食栗。

在山东萌芽期为 4 月上旬，展叶期 4 月中旬，盛花期 6 月上旬，且雌雄花期相吻合，果实成熟期为 9 月中旬，11 月上旬落叶。

3. 适栽地区及品种适应性　华丰的抗旱及耐瘠薄性优于

红光和红栗等品种，嫁接亲和力强，适应性广，不论在山地、丘陵或沙地栽培，均表现早果丰产，品质优良。在土壤条件良好，管理水平较高的情况下，更易发挥其增产潜力。对桃蛀螟等蛀果害虫有较强的抗性，各试栽点目前尚未发现有枝干病害。适宜在山东与江苏等地栽培。

4. 栽培技术要点及注意事项 栽植密度要根据土壤条件而定。丘陵山地栽植密度为 4 m×2 m 或 4 m×3 m，平原地或土壤肥力较好的河滩地，栽植密度宜为 4 m×3 m 或 5 m×3 m。华丰品种耐瘠薄，适应性广，在加强土肥水管理条件下栽培，更能发挥其增产潜力，表现树体健壮，结果母枝粗壮，开始结果早，易获得丰产稳产。如果管理跟不上，易出现大小年结果现象和树体衰弱。

整形修剪：华丰品种的雌花容易形成，结果早、产量高，在加强土肥水管理的基础上，幼树应采取撑拉开角，短截，摘心，以增加枝量，扩大树冠；成龄树应适当加重修剪量，每平方米树冠投影面积宜留 8 条左右结果母枝，并进行小回缩更新修剪。否则，大量结果后易造成树体衰弱和产量下降。

三十、华光

1. 品种来历 华光是山东省果树研究所 1993 年以野生板栗和板栗杂交育成。在全国重点栗区已推广发展。

2. 品种特征特性

植物学特征：树冠易成开心形，混合芽大而饱满，近圆形。叶椭圆形，绿色，质地较厚，叶面稍皱，锯齿直向。雄花序中多。总苞椭圆形，皮薄、刺束稀而硬，多一字形开裂。总苞柄较长。平均每苞坚果近 3 个。坚果椭圆形，平均单粒重 8.2 g，大小整齐。果皮红棕色，光亮。

生物学特性：幼树期生长势强，大量结果后长势缓和。苗砧嫁接后第 3 年平均每公顷产量 2 500 kg，幼砧嫁接后 3～7 年平均每公顷产量 4 080 kg，改接后第 7 年每公顷产量5 000 kg。结果母枝粗壮，果前梢大芽多至 12 个。平均每结果母枝抽生结果枝 2.9 条，每结果枝着生 2.7 个总苞，出实率 55％，空苞率 2.1％。果肉质地细糯，香甜，含糖 20.1％，淀粉 48.95％，蛋白质 8.0％，脂肪 3.35％，底座小，果实耐贮藏。

物候期：4 月上旬萌芽，4 月中旬展叶，6 月上旬盛花，9 月中旬成熟，11 月上旬落叶。

3. 适栽地区及品种适应性　本品种树体健壮，枝粗芽大，早果丰产，品质优良，适宜短截修剪，抗逆性强。适宜在全国的丘陵山区和河滩平地发展栽培。

4. 栽培技术要点及注意事项　参照华丰。

三十一、东岳早丰

1. 品种来历　东岳早丰是从泰安市岱岳区黄前镇红河村山地栗园选出的实生变异优株，母树为 20 世纪 60 年代栽植的实生树，树龄 40 年以上。20 世纪 90 年代末，山东省果树研究所在资源调查时发现该优株具有早熟、丰产、品质优良等特性，遂进行高接鉴定。经在省内外多年多点区域试验，主要经济性状表现稳定，于 2009 年 12 月通过山东省林木品种审定委员会审定并命名。

2. 品种特征特性　树冠圆头形，多年生枝灰白色，一年生枝黄绿色；皮孔扁圆形，白色，大小中等，中密；混合芽三角形，芽鳞黄褐色，芽体饱满；叶片长椭圆形，叶表面深绿色，背面灰绿色，光滑；叶尖渐尖。结果母枝平均抽生结果枝 2.3 条，每结果枝平均着生总苞数 2.4 个。总苞椭圆形，每苞含坚果 2.7 粒，单苞质量 60.0 g 左右；刺束中密，偏硬，刺束长 1.1 cm，分枝角度大；苞柄长 0.55 cm，较短；成熟时一字形开裂，出实率 48.1%；坚果椭圆形，红棕色，充实饱满，大小整齐一致，光亮美观；果肉黄色，细糯香甜，涩皮易剥离，底座中等大小，接线呈月牙形；坚果中大，单粒质量 10.5 g，平均含水量 33.7%，淀粉 52.6%，总糖 31.7%，脂肪 1.7%，蛋白质 8.7%，耐贮藏，适宜炒食，商品性优。在泰安 4 月初萌芽，6 月初盛花，8 月下旬成熟。早实丰产，利用 2 年生砧木嫁接后 3～5 年进入盛果期，盛果期树平均产量 4 572.0 kg/hm²。

3. 适栽地区及品种适应性　东岳早丰早熟性好，抗病性强，耐干旱，耐瘠薄。适宜在泰沂山区的山地、丘陵，胶东山地及鲁东南河滩地栽培。

4. 栽培技术要点及注意事项　丘陵山地栽植密度以 3 m×3 m 或 3 m×4 m 为宜；肥水条件好、土层深厚的平原与河滩地以 3 m×5 m 或 4 m×5 m 为宜。授粉品种可采用泰栗 1 号、宋家早、鲁岳早丰等早熟品种。树形以低干矮冠自然开心形为主，干高 0.4～0.5 m，3～5 条主枝，分枝角度 60°左右。幼树夏季进行摘心，以增加枝量；盛果期根据树势强、中、弱的情况，修剪时按每平方米树冠投影面积分别留 12、10、8 条结果枝，并进行小回缩更新。每年施基肥 1 次，追肥 2 次，秋施基肥 60 000 kg/hm²，结合深翻进行，新梢生长期追施氮肥，果实膨大期追施磷、钾肥。

三十二、徂短

1. 品种来历　徂短是生长在山东省徂徕山林场光华寺林区山坡上一株实生板栗树，发现时树龄约 60 年生，为自然实生变异单株。自 2000 年开始，从母株上剪取接穗，高接在幼树上，高接树第 2 年结果，第 3 年丰产，结果母枝连续结果能力强，连年高产。经过多年观察，其树冠矮化紧凑、抗旱、抗病虫害能力强、优质、丰产性状稳定，2013 年通过山东省林业厅组织的专家验收。

2. 品种特征特性　徂短树姿直立，枝条直立，2 年生以上枝条深褐色；1 年生枝条浅褐色，皮孔小、密、灰白色、明显突起。叶片长椭圆形，浓绿色，厚，叶片平均长 15.10 cm、宽 5.80 cm，挺立，叶缘锯齿钝、浅，叶背茸毛稀疏；结果母枝花芽大，饱满。雄花序乳黄色，平均长度 19.10 cm，每条花序小花平均 145 个，雌花疏散，具苞片。

徂短板栗生长势中庸，树冠紧凑，树冠圆头形。2013 年测量，3 年生树树高 2.30 m，冠径 2.05 m，平均干径 4.80 cm，单株树冠投影面积 3.28 m²，平均单株着生枝条 86.2 条，1 年生枝长、粗、节间长分别为 32.70 cm、0.63 cm、1.90 cm，平均有 17.2 节，尖削度 1.93；结果枝、发育枝、雄花枝、纤弱枝分别占 65.4%、14.6%、10.1%、9.9%，平均果前梢有 5.56 个芽。其短枝性状明显。

徂短总苞椭圆形，每苞有 2.5 粒，总苞上端中心突起，刺束中密、较软，皮薄。坚果椭圆形，果实个大，坚果单粒重 11.2 g，果实深红褐色，色泽均匀度好，外观亮丽。壳薄，易剥皮，熟食质地中等，熟食糯性，风味甜，品质优，耐贮藏。出实率 51.5%。坚果总体品质较好，是优质的炒食板栗新品种。

3. 适栽地区及品种适应性　徂短为短枝型板栗新品种，其短枝性状接近于短枝型品种沂蒙短枝，早实性和丰产性好，果实干物质含量高，果实品质优良，抗干旱，耐瘠薄，适应性广，适合在土壤肥沃的地区大面积推广应用。

4. 栽培技术要点及注意事项　宜采用计划密植建园，初栽植行株距为 3.0 m×2.0 m，进入成龄期后经 5 年左右调整，使株数减少一半。可选用石丰、丽抗、黄棚、华丰、华光等品种做授粉树，主栽品种徂短与授粉品种的配置比例以（4～10）:1为宜。树形一般采用多主枝自然开心形，选留3～4

条主枝，幼树重短截，进入盛果期后要适当增加修剪量，每平方米树冠投影面积留 15～20 条结果枝，并进行小回缩更新，在生产上多采用短截、疏剪和回缩等技术调节和控制，生产上进行四季修剪，能有效提高板栗的产量；徂短较抗干旱，有水浇条件的园片，根据春秋降雨情况，一年内浇水 1～2 次即可满足生长结果的需求。

三十三、红光

1. 品种来历　原名二麻子。原产山东莱西店埠乡东庄头村，于 20 世纪 20 年代选出并以嫁接繁殖，1967—1971 年推广并改名。

2. 品种特征特性

植物学特征：成龄树树势中等，树冠紧凑，呈圆头形至扁圆形，母枝灰绿色，皮孔大而明显，生长较直立，叶下垂，叶背毛绒厚。平均每个母枝抽生果枝 2.6 条，平均每条果枝着生总苞 1.5 个，总苞椭圆形，针刺较稀，粗而硬，平均每个总苞含坚果 2.8 个，坚果扁圆形，平均单果重 9.5 g，每千克含坚果 100 粒，坚果中大，果皮红褐色，油亮。

生物学特性：幼树始果期晚，嫁接后 3～4 年开始结果，连续结果能力强，每平方米树冠投影面积产坚果 0.5 kg，出实率 45%。果肉质地糯性，细腻香甜，适于炒食，耐贮藏。

物候期：果实成熟期为 9 月下旬至 10 月上旬。

3. 适栽地区及品种适应性　适于在土层厚、土质好、管理水平较高的条件下栽培。适宜在山东、河北与江苏等地栽培。

三十四、东丰

1. 品种来历　原名东徐家 5 号，从莱阳实生树中选出，山东烟台地区的主栽品种之一。

2. 品种特征特性 东丰树姿直立，生长势强。叶椭圆形，中等大。1 年生枝灰绿色，蓬前芽较小而饱满。叶片较小，浓绿色，在枝条上多向斜上方生长。雄花序长 14.9 cm，开放时黄色。栗蓬略椭圆，栗实近圆形，深褐色，油光发亮。幼树枝条年生长 50～80 cm，成龄树果枝长 20 cm 左右，枝条较硬，生长多直立。结果母枝上抽生的发育枝低于 1％，结果枝占 58％，雄花枝占 30％，纤弱枝占 11％。结果枝上雌雄花序之比为 1∶4，平均每果枝着生 3.2 个苞。出籽率 44％。该品种结果期早，嫁接苗 2 年生结果株率 90％以上。

3. 适栽地区及品种适应性 本品种结果早，树冠紧凑，适于密植栽培，耐瘠薄，抗干旱，栽植在无水浇条件的瘠薄山区，仍能生长发育良好，并能连年丰产。

4. 栽培技术要点及注意事项 东丰的适宜授粉树为清丰、玉丰、金丰、石丰等板栗。东丰的始果期早，嫁接小苗 3 年生结果株率达 100％；大树改接当年便结果，3 年后便进入丰产期。在密植情况下，更能发挥丰产潜力。枝条基部芽抽生果枝能力极强，适合短截修剪。每母枝上可抽生果枝 1.5 条，每果枝结蓬 2.3 个，每蓬有果实 2.5 粒空棚率低于 3％，出实率高达 4％，果枝连续结实能力高达 5 年以上。果实中大、均匀，每千克 120～140 粒，耐贮藏，营养丰富，炒食质糯，风味香甜，品质极佳。

三十五、金丰

1. 品种来历 又名徐家 1 号，1969 年选出，母树生长在山东省招远市徐家村南沟瘠薄的砾质沙土的山坡上。

2. 品种特征特性

植物学特征：树体大小中等，开张，分枝角中等，树皮红褐色，枝条细软下垂、新梢弯曲，叶长椭圆形，叶缘上卷，叶背密被茸毛，芽体大而饱满、呈青紫色。雄花量少。总苞特大，8.8 cm×9.5 cm。坚果单粒重15.2 g，最重达22 g，果皮棕红色，茸毛多，果肉乳黄色。

生物学特性：树体矮小，适于密植，定植后第4～6年，平均单株产量1.6 kg，折合产量1 776 kg/hm²，为毛板红产量的2.5倍。结果后随着产量增加，长势渐趋中庸，一母枝平均抽生2.2条结果枝，每蓬枝平均结2.4个，每蓬平均成实2.7粒，出实率34.6%，每千克含坚果110～130粒，果肉味香甜，含水量56.8%，含淀粉55.1%，可溶性糖12.08%，蛋白质8.4%，脂肪3.5%，品质上等，耐贮藏。

物候期：果实9月中下旬成熟

3. 适栽地区及品种适应性　适应性强，在瘠薄山丘地和河滩沙地生长发育良好，丰产。

4. 栽培技术要点及注意事项　该品种树势比较容易衰弱，肥水管理要求高。

三十六、石丰

1. 品种来历　1971年选出，母树生长在山东省海阳县中石现村山麓的砾质沙土上。树冠紧凑，适于密植。基部芽结果能力强，适于短截修剪，容易控制结果部位外移。

2. 品种特征特性

植物学特征：树体偏小，树冠开张，枝杆绿褐色，分枝角度大，叶椭圆形，叶缘上翻，叶背密被茸毛，芽尖明显、呈青紫色，每条结果母枝上着生2～3条结果枝。雄花量多。总苞大小中等，纵横径6.6 cm×8.5 cm，苞壳薄，刺短，每个总苞平均出籽2.5粒，平均单粒重7.5 g，最大10.3 g。坚果皮红棕色，茸毛少，果肉乳黄色。

生物学特性：丰产稳产性能特好，平均单株产量 2.27 kg，合 2 520 kg/hm²，为毛板红平均产量的 3.1 倍。栗蓬椭圆刺短而密，出实率 34%。每千克 100～120 粒，耐藏性强。果实含水量为 52.8%，淀粉含量 43.1%，可溶性糖 25.29%，蛋白质含量 7.3%，氨基酸含量 1.89%，脂肪 3.5%。

物候期：果实 9 月下旬至 10 月初成熟。

3. 适栽地区及品种适应性　适应性强，在山丘地河滩地栽培，生长发育好。适宜山东、江苏北部引种。

4. 栽培技术要点及注意事项　石丰为稳产高产品种，含糖量高，适于密植。但应施足基肥并适时追肥，以克服其坚果颗粒偏小的缺点。

三十七、清丰

1. 品种来历　原名清泉 2 号。1971 年选自山东省海阳县清泉庄。1977 年定名为清丰。

2. 品种特征特性

植物学特征：树冠较小，呈圆头形。成花易，雌花多，雄花少。成龄树树势中等，平均每条结果母枝抽生果枝 2.4 条，结果枝着生总苞 3 个。总苞椭圆形，刺束密，平均每苞含坚果 2.5 个。坚果椭圆形，果顶钝圆，平均重 7.5 g，全果面披细短茸毛，中部以上密生毛绒，属半明栗。

生物学特性：幼树始果期早，嫁接后第 2 年结果率达 50% 以上，3 年生全部结果。5 年生树平均株产 6.5 kg。坚果均匀整齐，每千克 130～140 粒，出实率 38%，果肉风味香甜，耐贮性强。

物候期：果实 9 月下旬成熟。

3. 适栽地区及品种适应性　该品种适应性强，在山丘和河滩沙地栽培，生长发育良好。适宜山东、江苏北部引种。

三十八、玉丰

1. 品种来历 原名于格庄 2 号。1971 年选自山东莱阳于格庄，1977 年命名为玉丰。

2. 品种特征特性

植物学特征：树冠开张，易呈披散圆头形。生长势中等，萌芽率高。结果母枝抽生结果枝高达 66%，每结果母枝平均抽生结果枝 3.6 条，结果枝平均着生总苞 2 个，每苞含坚果 2.2 粒。总苞椭圆形，刺束较短而直立。坚果重 8.0 g，圆形至椭圆形，果皮褐色，有光泽。坚果较整齐，每千克 120 粒左右。

生物学特性：该品种 2～3 年进入正常结果期，嫁接树第 2 年结果株率达 70%。熟食质地细腻，风味香甜，品质上等，耐贮藏。

物候期：果实 9 月下旬至 10 月上旬成熟。

3. 适栽地区及品种适应性 适宜于山东莱阳等地栽培。适应性和丰产性较强。结果后，因枝条较软，树冠易披散开张，不宜密植栽培。

三十九、上丰

1. 品种来历 原名步家 1 号，原株生长在山东海阳上步家村，1971 年选出，1977 年定名为上丰，是胶东半岛栽培的主要品种之一。

2. 品种特征特性

植物学特征：幼树生长较旺，树姿直立，树冠紧凑，嫁接后 4 年长势迅速缓和。果枝平均长 23.4 cm。总苞椭圆形，刺束稀而直立，坚果中大，单果重 8 g 左右，深褐色，有光泽。

坚果大小整齐，每千克 120 粒左右。

生物学特性：成花易，始果期早，嫁接 3 年生树全部结果，4 年生树平均株产 4.5 kg。成龄树树冠开张，结果枝占 46%，每条结果母枝抽生果枝 2～3 条，每果枝着生总苞 2 个，果枝连续结果 4～5 年。平均每总苞含坚果 2.2 个，空苞率 8.3%，果肉质地细糯，风味香甜，品质上等，耐贮藏。

物候期：果实 10 月上旬成熟。

3. 适栽地区及品种适应性　适应性强，在山东省山丘地和河滩地栽培，生长发育良好，丰产，适宜密植。

四十、山东红栗

1. 品种来历　原产山东泰安大地村，山东省果树研究所 1964 年选出，是山东栽培数量较多的品种之一。因该品种枝条、幼叶和总苞红色故称红栗。

2. 品种特征特性

植物学特征：树冠圆头形，树势强健，结果母枝长 40 cm 左右，枝条红褐色，嫩梢紫红色。每条结果母枝抽生果枝 3 条，结果枝平均着果 2.4 个。幼树生长势强旺，树姿直立，盛果期后渐趋缓和。总苞椭圆形，针刺中密，红色，平均每苞含坚果 2.6 个。坚果近圆形或椭圆形，中型果，平均重 9 g。坚果大小整齐。

生物学特性：嫁接苗 2～3 年开始进入正常结果期。在立地条件好的情况下，连续结果能力强，丰产稳产。每平方米树冠投影面积产坚果 0.5 kg。出实率 44%，果肉质地糯性、细腻香甜，耐贮藏。

物候期：果实成熟期 9 月下旬。

3. 适栽地区及品种适应性　在河滩平地、沟谷及土肥、水管理较好的条件下表现丰产。在土层薄、土质差和管理粗放的条件下，枝条生长细弱，叶片小而卷，空蓬多，独栗多。适宜于山东省各栗产区种植。

4. 栽培技术要点及注意事项　平原栽植适应性好于山地，喜肥水，耐短截修剪，是较好的授粉品种，兼有观赏价值。

四十一、燕光（2399）

1. 品种来历　燕光是从燕山板栗实生资源中选出的适宜密植型新品种，母树为河北省迁西县崔家堡村一株 60 年实生板栗树。于 1982 年采母树接穗引种入河北省昌黎果树研究所良种选育圃，并对优株编号为 2399，之后连续 8 年进行了主要农艺性状的系统评价研究。1989 年在省内外系统性地进行了多点品种比较试验和生产试栽。2009 年 12 月 9 日通过河北省林木品种审定委员会审定，命名为燕光。

2. 品种特征特性　燕光树势较强，树冠紧凑，半开张，树干灰褐色。枝条较粗壮，皮色灰绿，无茸毛，皮孔不规则，小而稀疏，枝长 26.40 cm，粗 0.61 cm，节间 1.21 cm，果前梢 4.55 cm。叶片长椭圆形，先端渐尖，浓绿色，有光泽，斜生，叶姿较平展，锯齿小，长度 16.3 cm，宽度 6.5 cm。叶柄淡绿色，长度 2.01 cm。每果枝平均着生雄花序 11.5 条，雄花序长度 12.5 cm。雌花着生均匀，每果枝平均着生 3.8 个。

燕光母枝较粗壮，连续结果能力强，中庸较弱枝可结果特性明显，结果母枝平均抽生结果枝 2.1 条。每果枝平均着生刺苞 3.6 个，每苞内平均含坚果 2.6 粒，出实率平均为 48%。燕光刺苞椭圆形，平均质量 47.9 g，苞皮厚度中等。刺束中密，偏硬，斜生，黄绿色，长 1.12 cm。坚果大小整齐，椭圆形，深褐色，有光泽，平均单粒质量 8.12 g。坚果底座中等大小，接线平直，内果皮易剥离，平均含水量 50.18%，可溶性糖 21.45%，淀粉 45.37%，粗纤维 1.70%，脂肪 1.73%，蛋白质 4.92%。果肉黄色，质地细糯，风味香甜。9 月中旬成熟，耐贮运。

在河北省燕山板栗产区，4 月 10～13 日萌芽，4 月 25～26 日展叶，雄花序 5 月 15 日开始出现，6 月 6～9 日进入雄花盛花期，6 月 11～13 日进入雌花盛花期；新梢停长期 6 月 10 日，果实成熟期 9 月 10～12 日，落叶期 11 月 13～21 日。

3. 适栽地区及品种适应性　适应性和抗逆性强，在干旱缺水的片麻岩山地、土壤贫瘠的河滩沙地均能正常生长结果。区域栽培试验表明，丰产、品质优良、耐瘠薄等主要农艺性状稳定一致，结实率高，未发现栗胴枯病和栗透翅蛾等主要病虫害的严重危害，抗干旱、抗寒性强，适应性广。

4. 栽培技术要点及注意事项　本品种适宜 pH 5.6～7.0 的干旱片麻岩山地及河滩沙地栽植。适宜密植栽培，土壤条件好株行距可按 2 m×4 m 定植，土壤条件差可按 2 m×3 m 定植，待树冠扩大间伐后栽植密度可保持 4 m×4 m～4 m×6 m。基肥在果实采收后立即施入，施入量按每年每生产 1 kg 栗果施入 15 kg 优质基肥计算；在萌芽前施用氮、磷、钾复合肥，施用量可按每生产 1 kg 栗果施入 0.25 kg 计算，施肥后及时浇水。树形宜选用自然开心形，留主枝 4～5 条，交错排列，保持下密上稀。在修剪方法上，冬剪时每平方米树冠投影面积保留结果母枝 8～12 条，选留中庸枝为结果母枝，粗壮枝可在基部以上 3 cm 处短截，待其隐芽抽生新梢培养成翌年结果枝，以达到轮替更新控冠效果。注意嫁接 5 年内幼树期的管理，夏季新梢摘心和春季拉枝、刻芽是关键。病害较轻。虫害主要需防治桃蛀螟和红蜘蛛，可用栽植寄主植物（玉米、向日葵）并适时焚烧的方法进行无公害防治，必须喷药防治时，要选择高效、低毒、低残留的农药。

四十二、燕奎

1. 品种来历　燕奎是从实生燕山板栗种质资源中选出的优质早熟型新品种，母树为河北省迁西县汉儿庄乡杨家峪村一株 80 年栗树。1976 年采集母树接穗引种入河北省昌黎果树研究所板栗选育圃，之后连续 8 年进行了该优株主要农艺性状的系统评价研究。1989 年开始以河北主栽板栗品种（燕山短枝、燕山早丰）为对照，在省内外进行了多点品种比较试验和生产试栽。2005 年 12 月 21 日通过河北省林木品种审定委员会审定，命名为燕奎（良种编号：冀 S - SV - CM - 001 - 2005）。

2. 品种特征特性　燕奎树体高度中等，树冠松散，树姿开张，树干灰褐色。枝条较粗壮，皮色黄褐色，无茸毛，皮孔小而不规则，密度稀疏，1 年新梢长 37.00 cm，粗 0.64 cm，节间长 1.58 cm，果前梢长 5.85 cm。叶片披针形，浓绿色，背面稀疏灰白色星状毛，叶姿边缘上翻，锯齿深度深，刺针方向外向。叶柄黄绿色，长 2.2 cm。每果枝平均着生雄花序11.4 条，花形下垂，长 16.54 cm，雌花着生均匀，每果枝平均着生 2.01 个。

燕奎结果母枝较粗壮，次年平均抽生结果新梢 2.13 条，每果枝平均着生刺苞 1.85 个。刺苞椭圆形，苞皮厚度中等，平均苞质量 51.63 g，每苞内平均含坚果 2.52 粒，出实率平均为 39.68%。刺束中密，偏硬，斜生，黄绿色，长 1.29 cm。坚果大小整齐，椭圆形，深褐色，有光泽，平均单果质量8.13 g。坚果底座大小中等，接线月牙形，内果皮易剥离，平均含水量 53.80%，可溶性糖含量 20.48%，淀粉 47.32%，蛋白质 6.54%。果肉黄色，口感糯性，质地细腻，风味香甜。

在河北省燕山板栗产区，4 月 20 日萌芽，4 月 29 日展叶，雄花序 5 月 19 日开始出现，6 月 11 日进入雄花盛花期；新梢停长期6月12日，果实成熟期9月9日，落叶期11月5日。

3. 适栽地区及品种适应性　区域栽培试验表明，丰产、品质优良、成熟期早等主要农艺性状稳定一致，未发现栗胴枯病和栗透翅蛾等主要病害虫的严重危害，适应性和抗逆性强，在干旱缺水的片麻岩山地、土壤贫瘠的河滩沙地均能正常生长结果。坚果耐贮运，腐烂率低。本品种适宜pH 5.6～7.0的干旱片麻岩山地及河滩沙地栽植。

4. 栽培技术要点及注意事项　根据地形地貌、土壤肥力和对早期产量的要求，合理确定种植密度。土壤条件好，株行距可按4 m×4 m～4 m×6 m定植；土壤条件差，株行距可按3 m×4 m定植。授粉树配置以燕光、燕山短枝和燕山早丰为佳。树形宜选用自然开心形，干高0.5～0.7 m，留主枝4～5条，交错排列，保持下密上稀。基肥在果实采收后立即施入，施入量按每年每生产1.0 kg栗果施入15.0 kg优质基肥计算；在萌芽前施用氮、磷、钾复合肥，施用量可按每生产1.0 kg栗果施入0.2 kg肥料计算，施肥后及时浇水。病害较轻。虫害需主要防治桃蛀螟和板栗红蜘蛛，可用栽植寄主植物（玉米、向日葵）并适时焚烧的方法进行无公害防治。

四十三、泰林2号

1. 品种来历　泰林2号（原代号：上港早熟优系）从泰山板栗实生资源中选出，母树为岱岳区下港乡上港村80年左右的实生板栗树。自2003年以来，分别在泰安市岱岳区、新泰市、日照市五莲县进行区域试验和生产试栽。2012年12月通过山东省林木品种审定委员会审定（良种编号：鲁S－SV－CM－018－2012），并定名为泰林2号。

2. 品种特征特性　幼树树冠直立，半圆头形，1年生枝条灰色，长27.88 cm，粗0.60 cm；皮孔圆形，稀。果前梢

10.64 cm，节间长度3.51 cm，平均每枝有尾芽3.05个，芽三角形。叶片椭圆形，锯齿小、平均单叶面积106.33 cm²，叶深绿色，有光泽，叶片平展，叶柄长2.3 cm。雄花序平均长15.6 cm，雄花序7.8条；雌花簇2.8个，乳黄色。

泰林2号总苞扁椭圆形，平均总苞质量75.2 g，刺束稀，短硬，直立，4～5针为1束，刺束长0.95 cm，颜色黄绿。苞皮厚度0.25 cm，多十字形开裂，每苞含坚果2.41个，出实率45.9%。坚果平均单粒质量9.50 g，栗实红褐色，明亮，茸毛少，有光泽。涩皮易剥离，栗肉黄色，质地细腻，风味香甜，糯性强。含糖量16.98%，淀粉66.55%，粗蛋白9.98%，含水率55.33%。

泰林2号生长旺盛，每条结果母枝平均发枝3.89条，其中结果枝、发育枝、细弱枝分别为2.73条、0.82条、0.34条，对照品种宋家早每条结果母枝平均发枝4.35条，其中结果枝、发育枝、细弱枝分别为2.85条、1.10条、0.40条。常规管理下，泰林2号幼树早果性强，丰产。泰林2号嫁接后第1～2年少量结果，第4年、第5年、第6年平均株产分别为2.17 kg、3.18 kg、4.3 kg，4～6年生树单位投影面积产量0.50 kg/m²以上。

泰林2号萌动期4月8日，展叶期4月21日，雄花盛花期在6月5日，雌花盛花期在6月10日，果实成熟期9月1日，落叶期11月中旬。

3. 适栽地区及品种适应性　经多点试验，泰林2号在河滩地、山地、丘陵表现早熟、丰产稳产、生长结果良好，有很强的适应性，对板栗红蜘蛛、栗瘿蜂有较强抗性，未发生冻害、栗疫病危害，适合在泰安市、日照市及同类板栗产区推广应用。

4. 栽培技术要点及注意事项　采用先定植砧木再嫁接的方法，从专用采穗圃或兼用园剪取接穗，待砧木生长2～3年后嫁接。幼树期按 2 m×（2～3）m 定植，盛果期建议株行距为 2 m×4 m 或 3 m×4 m。初果期树在 4 月中下旬，株施尿素 0.3～0.4 kg。盛果期树 5 月上旬新梢速长期叶面喷施 0.3％～0.5％的尿素液，每次株施 0.3～0.4 kg 尿素，在 7 月中旬株施 0.5 kg 复合肥，可以增加单粒质量，提高产量，秋季株施有机肥 20 kg。幼树期修剪以培养合理树形、促进树体发育为主，综合采用摘心、拉枝等措施，重点对发育枝进行中度短截；结果盛期以维持健壮树势、丰产稳产为主，修剪时应疏除较弱的结果枝和下垂枝，发芽前按照每平方米留取 8～9 条结果母枝进行修剪，注意选用角度较小的背上枝复壮树势。以防治栗红蜘蛛为主，5 月上中旬叶面喷施 1 000 倍尼索朗和灭扫利混合液 1～2 次。

四十四、东王明栗

1. 品种来历　东王明栗是从板栗实生后代群体中选育出的新品种。母树为 20 世纪 70 年代在山东省新泰市楼德镇东王庄村栽植的实生树，2000 年开始高接扩繁并入选优系，经连续多年观察评价、品比和区试，2009 年 10 月通过专家鉴定，同年 12 月通过山东省林木品种审定并命名。

2. 品种特征特性　东王明栗树冠圆头形。幼树期生长旺盛，盛果期树姿自然开张。主枝自然分生角度 40°～60°，多年生枝灰褐色，1 年生枝黄绿色，皮孔椭圆形，白色，大小中等，较密。叶片长椭圆形，长 16.5 cm，宽 7.5 cm，表面深绿色，背面灰绿色，叶尖急尖，锯齿斜向，两边叶缘向上微曲，叶姿褶皱波状，斜向。叶柄黄绿色，长 2.0 cm，粗 0.26 cm。混合芽三角形，中大，饱满。总苞椭圆形，纵径 5.3 cm，横径 6.9 cm，高径 5.9 cm，苞刺中密，刺束长 0.8 cm，粗 0.07 cm，硬，较细，分枝角度大，苞皮厚 0.2 cm，单苞质量

50～60 g，平均每苞含坚果 2.6 粒，成熟时一字形开裂，空苞率 2.0%，出实率 47.5%。坚果椭圆形，深褐色，无茸毛，光亮，整齐，饱满，果肉细腻，糯性强，涩皮易剥离，底座中等，接线月牙形，平均单粒重 10.5 g，含水量 50.6%，干样含淀粉 64.7%、糖 22.3%、脂肪 1.7%、蛋白质 7.5%，耐贮藏，适宜炒食，商品性极优。

在山东泰安 4 月初萌芽，4 月中旬展叶，5 月中下旬雌花出现，5 月底 6 月初盛花，9 月中旬成熟，11 月上旬至中旬落叶。

2 年生砧木嫁接第 6 年，树高 1.8～2.3 m，干周 20 cm 左右，冠径 2.0 m×2.4 m，新梢中长，粗壮，结果枝长 25.3 cm，粗 0.7 cm，果前梢长 4～9 cm，粗 0.63 cm，混合芽 6.7 个。每结果母枝平均抽生结果枝 2.4 条，约占发枝总量的 55.4%，明显高于对照品种华丰（约占 35.0%），每结果枝平均着生总苞 2.1 个。中幼砧木嫁接第 2 年即可结果，第 6 年平均产量 4 182 kg/hm²，早实，丰产，稳产。

3. 适栽地区及品种适应性　东王明栗表现丰产稳产，抗逆，耐瘠薄，坚果亮度和整齐度优于华丰、石丰等品种，在山地、丘陵和河滩地等生长稳定。适宜在泰沂山区的山地丘陵、胶东山地及鲁东南河滩地栽培。

4. 栽培技术要点及注意事项　山地丘陵栽培以 3 m×（3～4）m 为宜；肥水条件较好、土层深厚的平原与河滩地，以（3～4）m×5 m 为宜。授粉品种可采用黄棚、红栗 2 号和泰安薄壳等中晚熟品种。树形宜采用低干矮冠自然开心形，干高 0.4～0.5 m，3～5 条主枝。幼树夏季摘心，控制枝条生长，促进多发枝，增加枝量。盛果期冬季修剪时根据树势每平方米树冠投影面积留 8～12 条结果母枝，并及时回缩更新。每年施基肥 1 次，追肥 2 次，基肥以有机肥为主，60 000～75 000 kg/hm²，追肥结合深翻或灌溉进行，新梢速长期追施氮肥，果实膨大期追施磷、钾肥。

四十五、燕晶

1. 品种来历　燕晶是从河北遵化百年实生栗树中选出的新品种，于1982年引种入河北昌黎果树研究所板栗良种选育圃，编号为"官厅10"，连续6年进行主要农艺性状的评价鉴定研究。1989年开始在省内外进行系统多点品种比较试验和生产试栽。2009年12月通过河北省林木品种审定委员会审定，定名为燕晶。

2. 品种特征特性　树势较强，树姿半开张，自然圆头形，树干灰褐色。结果枝健壮，平均长度39.2 cm，粗0.72 cm，每果枝平均着生刺苞2.6个，次年平均抽生果枝数2.1条，基部芽体饱满，短截后翌年仍能抽生结果枝。叶片长椭圆形，先端急尖，斜生，叶姿较平展，锯齿较小，直向。每结果枝平均着生雄花序6.7条，雄花序平均长12.3 cm。刺苞椭圆形，平均质量59.8 g，每苞平均含坚果2.4粒，成熟时呈三裂或一字形裂，苞皮厚度中等，刺束中密，平均长1.17 cm，斜生，黄绿色。坚果椭圆形，深褐色，有光泽，整齐度高，果肉黄色，口感细糯，风味香甜，单粒质量9.0 g，可溶性糖15.2%，淀粉46.1%，蛋白质5.02%，脂肪2.11%。出实率46%。

在河北北部地区4月19～20日萌芽，4月29～30日展叶，6月11日雄花盛花，9月10～12日果实成熟，11月3～4日落叶。

幼树生长旺盛，雌花易形成，结果早，产量高，嫁接后第4年即进入盛果期，盛果期树平均产量5 166.0 kg/hm^2。丰产稳产，无大小年现象。适应性和抗逆性强，在干旱缺水的片麻岩山地、土壤贫瘠的河滩沙地均能正常生长结果。

3. 适栽地区及品种适应性　燕晶农艺性状表现稳定，丰产，耐瘠薄特性强，适宜河北燕山地区pH 5.6～7.0的干旱片麻岩山地及河滩沙地种植。

4. 栽培技术要点及注意事项 适宜密植栽培，土壤条件好可按株行距 2 m×4 m 栽植，土壤条件差可按 2 m×3 m，间伐后 4 m×4 m～4 m×6 m。偶有嫁接不亲和现象，建议用本砧嫁接为好。幼树生长旺盛，密植栽培条件下，嫁接第 2 年采用春季拉枝、刻芽技术，当年产量可达 1 500 kg/hm²。随着树冠扩大和母枝数量的增多，逐步疏除辅养枝，打开层间距，修剪宜截强留中庸、去直立留平斜，培养层间结果枝组。盛果期树花量大，坐果率高，应加强肥水管理和病虫害防治工作。

四十六、燕金

1. 品种来历 早熟板栗新品种燕金来源于燕山野生板栗。其母株位于河北省宽城县王厂沟村一山地栗园，树龄 120 年。2013 年 12 月该品种通过河北省林木品种审定委员会审定并命名。

2. 品种特征特性 树体生长势强，树冠紧凑，树姿直立。结果母枝平均着生刺苞 1.98 个，次年平均抽生结果新梢 2.80 条。刺苞椭圆形，平均单苞质量 43.2 g，苞内平均含坚果 2.1 粒。坚果椭圆形，紫褐色，油亮，果面绒毛少。果肉淡黄色，糯性，口感香甜，质地细腻。坚果单果质量 8.2 g，耐贮。适宜炒食。出实率 38.5%。在河北省燕山地区，芽萌动期 4 月 19 日，展叶期 5 月 5 日，雄花盛花期 6 月 14 日，雌花盛花期 6 月 19 日，果实成熟期 9 月 8 日，落叶期 11 月上旬。幼树结果早，产量高，嫁接 4 年即进入盛果期，盛果期平均产 3 500 kg/hm²，无大小年结果现象。

3. 适栽地区及品种适应性 燕金耐旱，耐瘠薄。抗寒性强，在中国北方板栗栽培区北缘无冻害。适宜中国北方板栗栽培区北缘（河北省平泉县、宽城县、兴隆县等）土壤 pH

5.4～7.0 的山地、丘陵栽植。

4. 栽培技术要点及注意事项 采用先定植板栗实生苗后嫁接该品种的方式建园，初始株行距为 2 m×4 m，树冠扩大后间伐，密度为 4 m×4 m。授粉选用燕晶、燕光、燕山早丰等花期一致的品种。树形以主干疏层延迟开心形最佳，干高 0.5～0.6 m，第一层留三四条主枝，第二层留两三条主枝。盛果期大树采用轮替更新修剪技术培养结果枝组，结果母枝留量保持 6～9 条/m²。每年 4 月上旬结合浇水施入复合肥，采果后施入有机肥。

四十七、黄棚

1. 品种来历 从 20 世纪 90 年代初开始，在山东省山区实生栗园进行了选优工作，通过对几十株初选优株的复选，选出了黄棚新品种。山东省内的临沂、烟台、青岛、泰安等地已引种试栽，表现良好。

2. 品种特征特性 树势健壮，幼树生长旺盛，新梢长而粗壮。盛果期树高 4.3 m 左右，干周 60 cm 左右，10 年生树冠投影面积为 20.24 m²。结果母枝长 37.8 cm，粗 0.68 cm，果前梢大芽数 7.95 个，结果母枝平均抽生结果枝 2.1 条，结果枝平均着生总苞 3.1 个，每苞含坚果 2.9 个，出实率达 55% 以上。坚果近圆形，近似于泰安薄壳品种，深褐色，光亮美观，充实饱满，大小整齐一致，属中型栗，底座较小，呈月牙形，单粒重 10 g 以上，果肉黄色，质地细糯香甜，涩皮易剥离，含水量 43%，含淀粉 30%，含糖 19.0%，含蛋白质 6.61%。该品种耐贮藏且商品性好，市场售价比一般品种高 30% 以上。

该品种在泰安 4 月上旬萌芽；4 月中下旬展叶；6 月上旬为盛花期，雌雄花期相吻合，与华丰、华光、红栗 1 号等品种花期基本一致，可互为授粉品种。9月上中旬果实成熟；11月上旬落叶。

3. 适栽地区及品种适应性 黄棚结果母枝长而粗，果前梢大芽数量多，形成雌花比较容易，开始结果早，而且丰产性强，利用幼树改接第2年结果，并能形成一定的产量。该品种不仅早实丰产，而且抗旱、耐瘠薄，在无肥水的立地条件下，历年产量不减，丰产稳产性强。

四十八、燕明

1. 品种来历 板栗新品种燕明是河北省农林科学院昌黎果树研究所从抚宁县后明山村40年生实生板栗树中选出的，1984年进入"三省一市"板栗优良品种选种圃，编号为84-3，经过初选、复选、决选和多点区域试验培育而成，2002年6月通过河北省林木品种审定委员会审定，命名为燕明。

2. 品种特征特性 燕明树势较强，半开张，母枝健壮，连续结果能力强，在常规管理水平下，母枝可连续4～5年结果，平均母枝抽生果枝2.75条，结蓬4.82个，每蓬果粒2.63个。坚果大小整齐，平均单粒质量10 g左右。果实椭圆形，深褐色，有光泽，出实率为35.30%。坚果9月下旬成熟（9月25日左右）。该品种与其他品种间均具有较强的亲和力，嫁接成活率高，幼树生长旺盛，结果早，产量高。嫁接后翌年结果，第3年有经济产量，4年累计平均株产2.33 kg。果实可溶性糖含量16.07%，淀粉60.34%，蛋白质11.01%。

3. 适栽地区及品种适应性 燕明果实香、甜、糯俱佳，有较高的抗旱、抗病性，耐土壤瘠薄，丰产性好，宜在板栗适栽区栽种。目前燕明品种在河北省片麻岩山区、河滩沙地以及北京市昌平区、山东省岳岱地区均有较大面积栽培。

4. 栽培技术要点及注意事项 本品种适宜pH 5.6～7的

干旱片麻岩山地及河滩沙地栽培，为提高前期单位面积产量，可密植，土壤条件较好时可按 2 m×4 m 栽植，土壤条件较差可按 2 m×3 m 栽植。间伐后为 4 m×4 m 至 4 m×6 m。该品种幼树生长旺盛，夏剪时摘心，促生中庸果枝。随着树冠扩大和母枝数量的增多，逐步疏除辅养枝，打开层间距，采用截强留中庸、截直立留平斜的轮替更新修剪方法，培养层间结果枝组。盛果期树因花量大，坐果率高，应增强肥水和病虫害防治工作。

四十九、黑山寨 7 号

1. 品种来历　黑山寨 7 号品种从栗属的中国栗的实生树中选出，母株生长在北京市昌平区黑山寨乡的丘陵山地上。母株树高约 10 m，胸径 55.7 cm，干高 2.3 m，冠幅 9 m×8 m，树冠为高圆头型。

2. 品种特征特性　叶片呈长椭圆形，叶基部楔形，叶尖渐尖，有光泽，叶缘锯齿外向；雄花序极短（0.3～1.0 cm），偶见个别双性花序（长有雌花的花序）或雄花序长度达 8 cm 以上，雄花序数量极少，斜生；总苞呈椭圆形，刺束密度中，苞皮厚度中，呈十字形开裂；总苞内坚果数平均为 2.1 个，坚果的平均单粒重 8 g，坚果椭圆形，外种皮深褐色，果面茸毛少，光泽较亮；果肉甜，糯性，皮易剥离。

3. 适栽地区及品种适应性　本品种选自中国栗中的华北品种群，适于在北京和河北的栗产区种植，在北方土壤 pH 不超过 7 的地区也可种植，自 20 世纪 70 年代起，在北京市昌平区的黑山寨乡、下庄乡，密云区的巨各庄镇、大城子镇、高岭镇等栗产地少量种植。

4. 栽培技术要点及注意事项　该品种的栽植密度为 3 m×4 m（平原），树型宜采用多主枝自然开心型，根据树体生长情况，结果母枝留量为 10.14 条/m²；应注意的是本品种枝条生长旺盛，结果嫁接成活当年应进行至少 3～4 次摘心，控制枝条生长，促进多发枝，初果期尽量保留结果母枝，以果压树，盛果期应根据果前梢的长度，控制结果母枝数量，维持一定的负载量；在冬季修剪时注意枝条的回缩更新。生长季内注意防治红蜘蛛、栗瘿蜂、桃蛀螟、栗干枯病等病害。

五十、燕龙

1. 品种来历　燕龙是 1996 年通过实生选种选育而成的，寡雄，高产，个大，色好，质优，可短截，适于密植，2005 年通过河北省科技厅组织的专家鉴定，2006 年列入国家农业科技成果转化基金项目。

2. 品种特征特性　幼树树势较强，树姿半开张。成龄树树势中等，树冠扁圆形。30 年生（母株）树高 5.0 m，冠幅 5.0 m×5.0 m，干周 65.5 cm。枝条灰褐色，皮孔较大，圆形，密度中等。混合芽扁圆形、较大。叶长椭圆形，深绿，较平展，质地硬，叶柄中等长。总苞椭圆形，平均质量 43.5～68.2 g。坚果平均质量 8.1～10.2 g，果面毛茸少，果皮红褐色，油亮美观。坚果大小整齐，质地糯性，细腻香甜，涩皮易剥离，糖炒品质优良。果实经贮藏 1 个月后，干样含糖 22.6%，淀粉 48.2%，粗蛋白 6.01%，脂肪 2.51%，维生素 C 0.58 mg/g，糊化温度 64 ℃。结果母枝基部可形成混合花芽，适于进行短截修剪，短截后的果枝率为 52.2%～61.7%，适于密植栽培。成龄树雄花枝比率为 2.1%，雄花序长 13.2 cm，平均每条果枝着生雄花 3.55 条，结蓬 2.45 个，雌雄花序的比例为 1∶1.4（幼树为 1∶1.8），属寡雄类型；每苞含坚果 2.8 粒，空苞率几乎为 0。在河北昌黎地区，4 月中旬萌芽，6 月中旬盛花，9 月中旬果实成熟。幼树嫁接后第 2 年结果，3～4

年生树产量可达 4 500 kg/hm²。

3. 适栽地区及品种适应性 适宜在河北、山东、河南等板栗主产区发展，密植栽培。

4. 栽培技术要点及注意事项 平坦肥沃地适宜株行距为 (2～3) m×(3～4) m，山地、瘠薄地株行距为 (1.5～2) m×(2～3) m；结果数年后可隔行移栽或间伐。嫁接后当新梢长到 20～30 cm 时摘心 1 次，增加侧枝数量。嫁接后第 2 年在 3～4 月发芽前拉枝，避免重叠枝、交叉枝出现，疏除多余枝；于枝条背上每隔 20～25 cm 用钢锯条在饱满芽前 3～5 mm 处刻伤，以促发中庸壮枝，当年结果。成龄树冬季修剪时，注意疏剪和短截相结合，培养紧凑的树体结构；每平方米树冠投影面积剪留 6～12 条结果母枝。

五十一、柞板 11

1. 品种来历 由西北林学院和柞水县板栗研究所经过 12 年从柞水选出。

2. 品种特征特性 母树 100 年生，高 7.5 m，呈主干分层形，母枝发枝力为 3.5 条，结果枝力 65.6%，果枝结苞 1.8 个，出实率为 37.1%，无空苞，冠幅投影每平方米产量为 0.36 kg。坚果扁圆形，棕红色，油光发亮，单果重 10.9 g，种仁含可溶性糖 9.27%，品质优良。

3. 适栽地区及品种适应性 抗病虫力强。适宜陕西等地及湖北西北部地区发展。

五十二、柞板 14

1. 品种来历 由西北林学院和柞水县板栗研究所选出。

2. 品种特征特性 母树 40 年生，生长健壮，高 5.8 m，树冠圆头形。母枝发枝力 2.7 条，结果枝力 66.5%，果枝结苞 1.8 个，出实率为 29%，树冠投影每平方米产量为 0.245 kg。栗果椭圆形，红棕色，单果重 12.5 g，种仁涩皮易剥离，含可溶性糖 10.04%，品质优良。

3. 适栽地区及品种适应性　抗病虫力较强。适宜陕西等地及湖北西北部地区发展。

五十三、林宝

1. 品种来历　1982 年在河北省太行山区邢台县将军墓镇皮庄村发现优良单株（原代号为皮庄 2 号，约 300 年生），经过连续 5 年观察，产量比其他本地和从燕山引进的品种高 30%～50%。1995 年在邢台、内邱、临城和武安进行对照中试。2009 年 12 月通过河北省林木品种审定委员会审定，并定名为林宝。

2. 品种特征特性　树势中庸，树姿开张，树冠半圆形。新梢黄绿色，多年生枝深褐色。皮孔扁圆形，白色，中密。混合芽近圆形，大而饱满。叶片椭圆形、倒卵状椭圆形、长椭圆形和近披针形，叶基圆形，叶面积 72.3 cm²，长 13.56 cm，平均宽 3.04 cm，最大宽 6.62 cm，叶脉数 16.8 对，叶表面绿色，背面灰绿色。雌雄同株异花，雄花序柔荑状，长 13.9 cm，着生在结果枝第 4.5～11 节位上，雌花序着生在结果枝第 12～13.3 节位上。

结果母枝平均抽生结果枝 1.89 条，结果枝平均长 30.6 cm；每母枝结蓬 3.35 个，每栗蓬有坚果 2.6 个。栗蓬椭圆形，长 6.3 cm、宽 5.8 cm、高 5.6 cm，刺束中长而密，成熟时栗蓬一字形开裂。坚果扁圆形，充实饱满，大小整齐一致，果皮深褐色，光亮美观；果肉白色，质地细腻、糯，味香甜，涩皮易剥离；单粒质量 7.49 g，含可溶性糖 25.65%，淀粉 45.85%，粗脂肪 3.0%，总蛋白质 5.56%，可溶性蛋白质 2.34%，适于糖炒，商品性优。在河北邢台 4 月上旬萌芽，4 月中下旬展叶，雄花期 5 月中旬至 6 月中旬，雌花期为 5 月下旬，果实成熟期 9 月 10 日左右，11 月中旬落叶。早实丰产，栽植第 2 年可结果，5 年进入盛果期，平均每平方米树冠垂直投影面积产量 1.158 kg，产量 6 000 kg/hm² 以上。

3. 适栽地区及品种适应性　林宝果实大小均匀，丰产，具有早实性状，抗病性强，耐干旱，耐瘠薄。适宜在河北省太行山、燕山片麻岩风化的沙壤土或沙质土地区推广，栽植地宜选择土层深厚的山地梯田、缓坡地或平地，土壤 pH 7.0 以下。

4. 栽培技术要点及注意事项　建园株行距（2.5～4）m×（4～5）m。授粉品种紫珀、丰收 2 号等，比例（4～5）：1。树形自然开心形或小冠半圆形，幼树生长季进行延长枝摘心以促发分枝；对结果母枝采用双枝更新；结果母枝的留枝量为每平方米树冠垂直投影面积 10～15 条。结果枝易下垂，注意培育健壮树势。每年秋施基肥，有机肥施用量为当年板栗产量的 5～10 倍，磷肥施用量与产量接近或略少，硼砂每平方米树冠垂直投影面积施 10～15 g。追肥分别于春季发芽后的雌花分化发育期和 7 月上中旬的幼果旺盛生长期进行，幼树株施尿素 0.1～0.3 kg，果树专用肥 0.2～0.5 kg；盛果期株施尿素 1～1.5 kg，果树专用肥 2～2.5 kg。5 月上中旬混合花序出现时疏雄，疏除量 90%～95%。芽萌动前后、开花坐果期、冬季土壤封冻前灌水。

五十四、岱岳早丰

1. 品种来历　岱岳早丰板栗是从泰山板栗实生后代群体中选育出的新品种。母树为 20 世纪 60 年代初在泰安市岱岳区道朗镇房庄村山地实生栗园中种植的实生树。2000 年开展板栗资源调查时发现该树，2002年剪取结果母枝高接于多年生砧木上，经连续多年的嫁接扩繁观察、品种比较和区域栽培试验，一直表现为成熟期早，丰产稳产，耐瘠薄，坚果光亮，果肉细糯。2008年决选为新品种，2010年10月通过专家鉴定，同年12月通过山东省林木品种审定委员会审定并命名。

2. 品种特征特性 幼树期生长较旺盛，进入盛果期自然开张，树冠圆头形。主枝自然分生角度40°~60°，当年生枝黄绿色，多年生枝灰白色，枝条前梢混合芽大而饱满。叶片长椭圆形，长17.1 cm，宽7.4 cm，深绿色，叶尖渐尖，两侧叶缘向叶面微卷，叶姿褶皱波状。总苞椭圆形，苞皮厚0.2 cm，苞刺中密，硬，分生角度大。单苞质量50~60 g，每苞平均含坚果2.7粒，成熟时一字形开裂，空苞率1%~2%，出实率48%以上。坚果椭圆形，红褐色，绒毛少，光亮，充实饱满，大小整齐，果肉黄色，糯性强，涩皮易剥离，底座大小中等，呈月牙形。平均单粒质量10.0 g，平均含水量51.5%，干物质含淀粉55.0%，糖28.9%，蛋白质10.2%，脂肪2.5%，耐贮藏，适宜炒食。与生产上栽培的早熟板栗品种宋家早相比，表现成熟期早，总苞皮薄，坚果较大，光亮，整齐，炒食品质优。

在山东泰安地区4月初萌芽，6月初盛花，8月下旬成熟，11月上中旬落叶。2年生砧木嫁接第5年，树高1.7~2.4 m，平均干周20 cm，平均冠幅2.0 m×2.3 m，新梢长度中等，粗壮，果前梢混合芽平均5.8个，结果母枝平均抽生结果枝2.9条，约占发枝总量的65.0%，明显比对照品种宋家早（约占35.1%）高，每结果枝平均着生总苞2.4个。幼树第2年结果，第3年形成产量，第4年平均株产4.5 kg，折合产量2 835.0 kg/hm^2，第5年平均株产5.7 kg，折合产量3 591.0 kg/hm^2。多年生大树改接第3年产量3 381.0 kg/hm^2。

3. 适栽地区及品种适应性 岱岳早丰具有早熟、丰产、耐瘠薄、抗逆性强等优点。适宜在山东泰沂山区、胶东丘陵等沙石山地和与山东类似的河北、北京山地等板栗适宜产区栽植，土质为壤土或沙壤土，pH 5.5～7.0。

4. 栽培技术要点及注意事项　丘陵山区栽植密度 3 m×4 m或2 m×4 m为宜。授粉品种可采用黄棚、鲁岳早丰、东岳早丰等盛花期一致的品种。树形宜采用低干矮冠自然开心形，干高 0.4～0.5 m，3～5 条主枝均匀分布。幼树夏季及时摘心，控制枝条生长，促发新枝，增加枝量。盛果期树冬季修剪时根据树势，每平方米树冠投影面积留 8～12 条结果母枝，并及时回缩更新。每年施基肥 1 次，基肥以有机肥为主，60 000～75 000 kg/hm²，追肥 2 次，追肥结合中耕除草或灌溉进行，新梢速长期追施氮肥，果实膨大期追施磷、钾肥。

五十五、蓝田红明栗

1. 品种来历　从陕西蓝田县实生选种而来。

2. 品种特征特性

植物学特性：树冠较开张、圆头形，角度 45°～60°，枝条稀疏，长度 31.72 cm，长枝型，粗度 0.52 cm，中型。树皮灰褐色，皮孔扁圆型，中密茸毛多（密生覆盖全枝）。果前梢长度 12 cm，间节长度 2.05 cm；芽长圆形，芽尖紫褐色。叶片椭圆形，长度 18.4 cm，宽 2.7 cm，中型，叶渐尖，锯齿中内向，厚度中，叶色黄绿，有光泽倾向，叶柄长度 1.97 cm，色泽黄绿。雄花序长 12 cm，中等，花序 10 条，中等斜生，雌花簇 3 个，乳黄色。总苞中型，重 68 g，椭圆形，刺束密细，硬度中，直立 5～7 针为一束，色黄绿，苞皮厚度中 0.23 cm，多为十字形开裂，也有一字形开列，总苞有坚果 2.45 个。坚果中型，单果重11 g，纵径 2.5 cm，横径 3 cm，双果为椭圆，单果圆形，红褐色，油亮，茸毛较少，底座值 1/3，中等，接线月牙状，涩皮容易剥离。

生物学特性：母枝抽生果枝数 2.8 条，果枝结苞数 2.55 个，苞内含坚果数 2.45 个，空苞率 8%，出实率 41.3%，大小年不明显，变幅 23%，发枝力中等，结果枝 34.8%，雄花枝 21.7%，发育枝 19.5%，纤弱枝 24%。10 年生红明栗树平均树高 5.4 m，平均冠幅 22.05 m^2，平均干高 80 cm，平均干直径 11 cm，平均新梢生长量 31.72 cm，百叶鲜重 140 g。嫁接后的红明栗当年有少量挂果，占 5%左右，第 2 年有 20%左右挂果，第 3 年全部挂果，平均株产量为 0.83 kg，单位面积产量 622.5 kg/hm^2；10 年进入盛果期，平均株产量 6.38 kg，单位面积产量 4 725 kg/hm^2（平均林分密度 750 株/hm^2），丰产性能好。坚果糖分含量 15.5%，淀粉 30.5%，蛋白质 5.43%，脂肪 1.52%，水分 51.52%。香味浓，果肉质地糯性。红明栗较耐贮藏，失水风干的板栗在自然条件下存放一月腐坏率 28.1%，经多年实践证明，鲜板栗在一般条件下用湿沙挖坑贮藏 4 个月（春节前后）腐坏率 5.5%，萌芽率 10.6%。

物候期：在辋川、玉川两乡，萌芽期 3 月下旬、4 月上旬，展叶期 4 月上中旬，雌花 5 月中下旬，雄花 5 月中下旬，果皮形成 6 月中下旬，果实成熟 9 月上中旬，落叶期 10 月下旬、11 月上旬。

3. 适栽地区及品种适应性　蓝田红明栗结果早，丰产性能好，成熟早，坚果大，营养丰富，树体抗逆性较强，耐寒，耐旱，耐瘠薄，可在秦岭山区进行推广栽植。

4. 栽培技术要点及注意事项　沿山区 25°～40°的山坡地，河滩地，等高撩壕栽植。在黏土通气不良，pH 小于 4、大于 7.5，多风处生长不良，海拔 1 300 m 以上光照不足成熟晚，出实率低。

第六章
南方板栗品种

一、安徽大红袍

1. 品种来历 又名迟栗子，原产于安徽广德县。

2. 品种特征特性 树势中等。11 年生树高 4.95 m，东西冠幅 4.9 m，南北冠幅 4.89 m，栽后 3 年进入始果期，8 年生进入盛果期。枝梢芽眼萌发率 74.1%，其中结果枝占 38.9%，雄花枝占 37.1%，营养枝占 24%。结果系数为 24.04，稳产系数 32。母枝抽生结果枝能力为 2.3 条。每结果枝总苞数为 1.7 个。母枝连续 2 年抽生结果枝者占 38.1%，连续 3 年抽生结果枝者占 25.9%，大小年不明显。11 年生单株产量为 6.04 kg，最高单株产 10.5 kg。总苞大小中等，出籽率 41.1%。坚果红艳色，有光泽，均粒重 15.1 g。味甜、有微香，果肉偏粳性。蛋白质含量为 7.13%，脂肪为 2.30%，淀粉 46.1，可溶性糖 7.4%。

物候期：4 月上旬萌芽，5 月下旬开花，10 月下旬果熟，11 月下旬落叶。

3. 适栽地区及品种适应性 该品种在红壤丘陵地表现丰产，坚果大小中，品质较佳，适应性广，抗旱力较强，宜菜食和炒食用。

二、粘底板

1. 品种来历 原产于安徽舒城。因成熟后，栗蓬开裂而栗实不脱落，故称"粘底板"。

2. 品种特征特性　树势中等，树形较为开张。1年生结果母枝平均长度 33 cm，平均粗度 0.63 cm，叶长椭圆形，雄花序平均长度 15.3 cm，每条结果新梢上平均挂果 3.4 个。苞壳厚 3.1 mm，总苞近圆形，刺束长，直立，排列密。坚果重 12.5 g，椭圆形，红褐色，光泽一般，茸毛少，底座较大，出籽率为 38%。在武汉地区开花盛期为 6 月上旬，果实成熟期为 9 月下旬至 10 月上旬。该品种早期丰产性极好，嫁接树定植第 2 年挂果率达 65% 以上，第 3 年株产达 0.60 kg，第 4 年株产 2.62 kg。坚果耐贮藏，病虫害较少，经湖北省农业科学院测试中心分析，坚果含水 491.2 g/kg，总糖 151.5 g/kg，蛋白质 57.4 g/kg，维生素 C 224.6 mg/kg。适合于长江中下游栗产区栽培。

三、安徽处暑红

1. 品种来历　又名头黄早，产于安徽省广德县砖桥、山北、流洞等地，为当地主栽品种，在山地及河滩地均有栽培。

2. 品种特征特性　树形中等，树冠紧密，圆头形，枝节间短，分枝角度较小。坚果平均重 16.5 g，紫褐色，光泽中等，果面茸毛较多，果顶处密集，栗实明显可见。坚果整齐，果肉细腻，味香。果肉含糖 12.6%，含淀粉 51.1%，含蛋白质 6.07%。幼树生长较旺，进入结果期早，嫁接苗 3 年株产可达 1.3 kg，第 5 年株产 3.3 kg，进入盛果期后，产量高而稳定。果实 8 月下旬至 9 月上旬成熟。

3. 适栽地区及品种适应性　本品种受桃蛀螟、栗实象鼻虫危害较轻。产量高、稳定、果实成熟早，在中秋节前可上市，很有市场竞争力，颇受产区欢迎。但因成熟期气温高，较难贮藏，适合于长江中下游栗产区栽培。

四、节节红

1. 品种来历　1993 年，在对安徽省板栗种质资源调查过程中，发现东至县官港镇一株百年生实生栗树所结的板栗刺苞大，坚果大，丰产性好，抗逆性强。1994 年春，采其接穗高接，高接树当年就开始结实，1996 年春，又从该树采取接穗进行高接，高接树当年同样出现早实现象。从 1998 年年底开始，安徽省东至县泥溪经果林科技示范园通过秋接及高接等无性繁殖方式，成片发展近 60 hm²。经多年系统观察，其高接树早实性、丰产性稳定，并具有单粒大、抗逆性强等优良性状。2001 年安徽省肥东、潜山、岳西等 6 个县发展 70 hm²。该优良单株于 2002 年 7 月通过安徽省林木品种审定委员会审定并命名为节节红。

2. 品种特征特性

植物学特征：树姿直立，紧凑，树冠圆头形。大砧（4 年生）嫁接树 3 年生树高 3.5 m，干高 37 cm，冠幅 1.8 m×1.7 m。1 年生枝灰褐色，枝角较小，皮孔小，密，扁圆形，节间长 3.65 cm。叶厚，色浓绿，亮泽；叶片长椭圆形，先端渐尖，多内卷，叶片长 22.0 cm，宽 8.7 cm，百叶重 185.7 g，叶缘锯齿明显。花芽肥大，扁圆形，雄花序长 15～22 cm，雌花为 1 个花簇，每 1 个雌花簇常包含有雌花 3 个，聚生在 1 个总苞中，经授粉受精发育成 3 个坚果。雌雄花序比为 1∶（2～8），幼树每个结果枝一般着生 1～4 条雌花序和 5～13 条雄花序。

果实经济性状：总苞椭圆形至尖顶椭圆形，苞顶明显凸起。总苞特大，长 11.2 cm，宽 9.6 cm，高 8.1 cm，平均单苞重 162.3 g，最大苞重 182.8 g。苞壳厚 0.41 cm，苞刺长 1.67 cm，排列紧密，坚硬直立。平均每苞含 3 个坚果，出实率 43.5%。坚果椭圆形，硕大，长 4.44 cm，宽 2.74 cm，高

3.19 cm。平均单粒重 25.0 g，最大粒重 32.9 g。果面具油脂光泽。果肉淡黄色，质地粳性，味香甜，品质中上。

生长结果习性：节节红板栗树势强，树冠紧凑，生长旺盛，1 年生枝萌芽率高，成枝力强，早期丰产性强。幼树花期具明显时段性，成花力强。以中、长果枝结果为主。耐修剪，重截后枝条下部隐芽能多次抽枝结果，且能正常成熟，未发现空蓬，无生理落果现象。春季实生砧室内嫁接后（芽片苗）定植，当年即能开花结果，2 年生树结果株率 100%，平均株产 0.2 kg，3 年生株产 1.7 kg，平均每公顷产量 1 428 kg。大砧（4 年生）嫁接节节红板栗，当年结果株率 90% 以上，第 2 年株产 1.5 kg，第 3 年株产 3.5 kg，平均每公顷产量 2 940 kg。

物候期：该品种在当地 3 月中旬萌芽，3 月下旬展叶，雄花序出现期 4 月上旬，盛花期 5 月中下旬，雌花盛花期 5 月下旬，果实成熟期 8 月下旬至 9 月初，落叶期 11 月中旬。

3. 适栽地区及品种适应性 节节红适应性广，耐旱，抗病虫能力强，耐瘠薄能力良好。自花结实率高，花期遇连阴雨坐果率仍很高。适宜长江流域及以南地区栽培。

4. 栽培技术要点及注意事项 该品种适宜长江流域及其以南丘陵山地栽培，要求土层深厚、疏松、肥沃。建园时可采用计划密植栽培，以提高前期的单位面积产量。平地行株距为 4 m×3 m，间伐后 6 m×4 m；山坡地行株距 4 m×2 m，间伐后行株距 4 m×4 m。为提高栗实品质和产量，施肥应以有机肥为主。定植前每穴施腐熟有机肥 30～50 kg，秋冬季株施有机肥 100 kg 以上。采用疏散分层形或自然纺锤形整形。夏季通过摘心、拉枝等措施，促发侧枝，及早形成树冠，多结果。冬剪时要轻剪缓放，避免重短截。秋季以带木质部嵌芽腹接法嫁接；选择土层深厚、疏松、微酸性的黄壤土、沙壤土，水肥条件较好的地方种植；定植密度 840～1 650 株/hm²；以营林措施为主，加强水肥管理和整形修剪；可在栗园周围种植向日葵，设置黑光灯，施用石硫合剂、波尔多液、多抗霉素等防治病虫害。

五、九家种

1. 品种来历　原产江苏吴县洞庭西山。由于优质、丰产、果实耐贮藏，当地有"十家中有九家种"说法，表明深受农民欢迎程度，因而得名。

2. 品种特征特性　树势中，树形小而直立，树冠紧凑，枝粗短，节短。11年生树高5.2m，东西冠幅为3.9m，南北冠幅3.1m。栽后3年进入结果期，8年进入盛果期，枝梢芽眼萌发率为79.1%，其中结果枝占40%，雄花枝占39%，营养枝占21%，结果系数为35.1，稳产系数45.1。每结果枝总苞数为1.7个，母枝抽生结果枝能力为2.1条，连续2年抽结果枝的占41.1%，连续3年抽生结果枝的占34.1%。大小年不明显。11年生单株产6.55kg，最高单株产9.05kg。总苞大小中，椭圆形，出籽率41%。紧果圆形，大小中等，均粒重10.2g。果皮赤褐色，有光泽。其营养成分：蛋白质9.1%，脂肪2.1%，淀粉51.1%，可溶性糖4.1%。

物候期：4月下旬萌芽，5月中旬开花，10月上旬果熟，11月上旬落叶。

3. 适栽地区及品种适应性　该品种在红壤丘陵地栽培，树形较小，树冠紧凑，适于密植，丰产，品质较佳，适于炒食和菜食用。近年来，山东、河南、安徽、浙江、湖南、广西、云南等省、自治区，已先后引入该品种试栽，表现良好，在湖南省邵阳地区、广西壮族自治区桂林地区为重点推广的品种之一。

六、大底青

1. 品种来历　原产江苏宜兴。

2. 品种特征特性　树势旺。11 年生树高 5.2 m，东西冠幅 4.98 m，南北冠幅 30.9 m，树冠圆锥形。栽后 3 年始果，8 年进入盛果期。枝梢芽眼萌发率为 80.1%，其中结果枝占 40.5%，雄花枝占 41.2%，营养枝占 18.3%。母枝抽生果枝 1.9 条。结果系数 39，稳产系数 40.5。每结果枝抽生总苞数 2.1 个。果枝连续 2 年抽生结果枝能力为 40.1%，连续 3 年抽生结果枝者为 30.5%。大小年不明显。11 年生单株产量 6.1 kg，最高单株产 10.1 kg。总苞大小中，椭圆形，出籽率 36%。坚果大，均粒重为 18~20 g。果皮赤褐色，有光泽。肉质细，糯性，味甜有微香。蛋白质 9.67%，脂肪 2.0%，淀粉 40.5%，可溶性糖 3.13%。

物候期：4 月上旬萌芽，5 月下旬开花，9 月下旬至 10 月上旬果熟，11 月下旬落叶。

3. 适栽地区及品种适应性　该品种在红壤丘陵地表现丰产，果大、品质较佳、宜菜食用。适合于长江中下游栗产区栽培。

七、薄壳油栗

1. 品种来历　原产江苏南京。

2. 品种特征特性　树势中，树冠较开张。11 年生树高 5.2 m，东西冠幅 4.8 m，南北冠幅 4.7 m。栽后 3 年进入结果期，8 年生进入盛果期。枝梢芽眼萌发率为 75.1%，其中结果枝占 39.1%，雄花枝占 37.7%，营养枝占 23.2%，结果系数 24.9，稳产系数 34.1。母枝抽生结果枝能力为 1.9 条，每结果枝总苞数为 1.7 个。果枝连续 2 年抽生结果枝的占 39.1%，连续 3 年抽生结果枝的占 25.1%。大小年不明显。11 年生单株产量为 6.05 kg，最高单株产 9.5 kg。总苞大小中等，圆球形，总苞薄，出籽率 50.9%。坚果棕褐色，有光泽，均重

16.9 g。蛋白质含量 8.31%，脂肪 2.7%，淀粉 38.1%，可溶性糖 3.5%。

物候期：4 月上旬萌芽，5 月下旬开花，10 月上旬果熟，11 月下旬落叶。

3. 适栽地区及品种适应性　该品种在红壤丘陵地表现较丰产，出籽率高，品质较佳，宜菜食和炒食用。适合于长江中下游栗产区栽培。

八、青毛软刺

1. 品种来历　又名青扎、软毛蒲、软毛头，原产江苏宜兴、溧阳两地。

2. 品种特征特性　树势强旺，分枝性强，11 年生树高 5.1 m，东西冠幅 4.91 m，南北冠幅 4.84 m。树冠圆锥形，栽后 3 年进入结果期，8 年生进入盛果期。枝梢芽眼萌发率 76.9%，其中结果枝占 27.9%，营养枝占 32.9%，雄花枝占 39.2%。每枝抽生结果枝能力为 1.82 条，结果系数 38.94，稳产系数 51。每结果枝总苞数 1.87 个。果枝连续 2 年抽结果枝的能力为 49%，连续 3 年抽结果枝的能力为 41.1%。11 年生单株均产 8.25 kg，最高单株产 12.75 kg，大小年不明显。总苞大小中等，椭圆形，出籽率 43%，坚果均粒重 13 g。果皮紫红色，有光泽，肉质糯质、味甜、有微香。营养成分：蛋白质 7.31%，脂肪 1.68%，淀粉 36.5%，可溶性糖 3.5%。

物候期：4 月上旬萌芽，5 月下旬开花，10 月上旬果实成熟，11 月下旬落叶。

3. 适栽地区及品种适应性　该品种在红壤丘陵地表现丰产，品种较佳，较耐贮藏，宜菜食和炒食用。适合于长江中下游栗产区栽培。

九、短毛焦刺

1. 品种来历　原产江苏宜兴。

2. 品种特征特性　11 年生树高 5.2 m，东西冠幅 4.9 m，南北冠幅 4.8 m，树冠圆锥形。栽后 3 年进入始果期，8 年生进入盛果期。枝梢芽萌发率为 74.1%，其中结果枝占 27.1%，营养枝占 31.6%，雄花枝占 41.3%。母枝抽生结果枝能力 1.78 条。结果系数为 56.1，稳产系数 51.2。每结果枝总苞数为 1.9 个。果枝连续 2 年抽结果枝的能力为 40%，连续 3 年抽结果枝能力为 34.6%。大小年不明显。11 年生单株平均产量 8.15 kg，最高单株产量 14.55 kg。总苞大，椭圆形，出籽率 45%。坚果大，均粒重 18 g，最大粒重达 26 g。果皮紫褐色，有油脂光泽，果顶端茸毛多。果肉质糯味甜、有微香。其营养成分：蛋白质 6.61%，脂肪 2.76%，淀粉 35%，可溶性糖 3.95%。

物候期：4 月上旬萌芽，5 月下旬开花，9 月中下旬成熟，11 月下旬落叶。

3. 适栽地区及品种适应性　该品种在红壤丘陵地栽植树势强旺、果大、整齐、丰产、品质较佳，宜菜食用。适合于长江中下游栗产区栽培。

十、八月红

1. 品种来历　八月红板栗是从湖北省罗田县板栗实生后代群体中选育出的新品种。母树为 20 世纪 80 年代初在罗田县平湖乡黄家湾村祝家冲板栗园种植的实生大树，2008 年 9 月通过湖北省林木品种审定委员会经济林专业委员会专家鉴定，2009 年 1 月通过湖北省林木品种审定委员会审定并命名。

2. 品种特征特性 树冠圆头形，树势中等，树姿开张，6年生树冠径为 4.0 m×4.0 m，树高 3.5 m，干周 30 cm。枝梢开张，中粗，灰褐色，1 年生枝中粗，有茸毛，新梢灰绿色，节间较短，平均为 1.6 cm。叶片长椭圆形，绿色，光滑，向上弯曲，平均长 16.56 cm，宽 6.54 cm。叶基楔形，叶缘锯齿较浅，中等大小，叶柄中长，平均 1.5 cm。雄花序长 11.15 cm，每结果枝平均着生 2.5 个雌花。总苞近球形，较大，横径 7.95 cm，纵径 6.09 cm，每苞平均含坚果 2.82 粒，出实率 48%。坚果深红色，有光泽，外观美，果肩稍窄，腰部肥大，基部较宽，底座较小，顶部毛茸较多，横径 3.72 cm，纵径 3.15 cm，平均单果质量 14.5 g，每千克 69 粒。栗仁金黄色，味甜，爽脆可口，品质上等，含蛋白质 3.50%，总糖 14.85%，粗脂肪 1.60%，维生素 C 0.334 mg/g，淀粉 48.64%。

3. 适栽地区及品种适应性 八月红适应性和抗病虫性强，表现为果大，丰产稳产，耐瘠薄，品质上乘。适宜在湖北省板栗主产区和安徽、河南等大别山板栗产区栽植。

4. 栽培技术要点及注意事项 沙壤土或砾质壤土，pH 5.5~7.2。定植密度 3 m×4 m 或者 2 m×4 m 为适宜。授粉品种可选罗田中迟栗、浅刺大板栗等盛花期一致的品种。树形宜采用低干矮冠自然开心形，树高 0.6~0.8 m，3~5 条主枝均匀分布。幼树夏季及时摘心，控制枝条生长，促发新枝。盛果期每平方米树冠投影面积保留 6~8 条结果母枝。每年施基肥 1 次，以有机肥为主，用量为 30 000~45 000 kg/hm²；追肥 2 次，3 月下旬至 4 月上旬施 1 次催芽肥，以尿素为主，250~420 kg/hm²；6 月下旬至 7 月上旬施 1 次壮果肥，以复合肥为主，420~1 260 kg/hm²。追肥结合中耕除草或灌溉进行，新梢速生期施氮肥，果实膨大期追施磷钾肥。

十一、上虞魁栗

1. 品种来历　原产浙江省上虞市，为当地主栽品种，以果大而著名，一般粒重 17.85 g。

2. 品种特征特性　树势中庸，一般树高 4.5～7.0 m，冠幅直径与树高相近，树冠开张，呈自然开心形或圆头形。叶质厚，浓绿色，有光泽，倒卵状椭圆型，基部微心脏形，叶绿锯齿比毛板红大，且向内。雌雄异花同株。雄花序着生叶腋，长而多。雌花序着生在最上部 1～4 条雄花序基部，呈球状。种苞长椭圆形，平均重 132.1 g，呈黄绿色，刺长，密而粗硬，一般每苞有坚果 2.1 个，出籽率约 32%。坚果外形美观，果皮赤褐色，富光泽，少茸毛，顶部平或微凹，肩部浑圆，底座小，接线平直。坚果大，为板栗之"魁"，平均单果重 17.85～19.23 g，每千克 52 粒。成熟较早，且时间集中，一般在 9 月中旬的 3～5 d 内采摘。可在国庆节上市。魁栗果肉淡黄色，味甜且粳性，宜做菜用，也可加工成罐头、栗子羹、糕点等副食品。魁栗营养丰富，据测定，种仁含总糖 8.4%～9.2%，蛋白质 6.7%～11.1%，淀粉 47.6%～76%，脂肪 1.4%～3.3%，还富含多种维生素（A、B_1、B_2、C）与矿物质（Ca、P、K），但不耐贮藏。

3. 适栽地区及品种适应性　魁栗性喜光，耐瘠薄，适应性广，在山坡、地角、路旁均可种植。一般要求年平均气温 10～15 ℃，绝对最低气温不低于 −25 ℃，生育期（4～9 月）气温 16～20 ℃，开花期适温为 17 ℃，受精适温为 17～25 ℃。年降水量为 1 300～1 500 mm，生育期降水量 600～900 mm。冬季干燥低温有利于来年花芽分化；如果开花期多雨，受精不良，易生理落果；生长旺期多雨，易出现裂苞、病烂，影响品质。适合于长江中下游栗产区栽培。

十二、毛板红

1. 品种来历　1964 年，对浙江省的板栗主产县淳安、上虞、长兴、富阳、绢云等地进行了品种资源调查，观察了 5 万多单株，从中初选出各品种类型的优良单株 124 个，并对其进行了连续 2～3 年的经济性状考察和生物学特性观察，从中筛选出 27 个优良单株，经过栽培比较试验，最后选出了经济性状表现突出的诸暨短刺板红和长刺板红。由于这两个良种的坚果性状相似，统称其为毛板红。

2. 品种特征特性

短刺板红：树势中庸，树高 4.5 m，冠幅 4.8 m，分枝角度 45°，树冠半开张。结果枝长 16.5 cm，粗 0.593 cm，果前梢长 3.3 cm，芽眼饱满。雄花序长 16.5 cm，每果枝着生雄花序 10.4 条，着生雌花 1.77 个，雌花数和雄花序数的比例为 1：5.88。结果能力强，结果枝占 53.08%，大小年不明显。母枝平均抽生果枝 1.67 条，每果枝着果 1.45 个。总苞大，椭圆形。苞刺长 1.3～1.5 cm，较稀疏，可见苞被。苞内坚果平均 2.42 个，出籽率 35.75%。坚果籽粒均匀，上半部多毛，果形长圆平顶，果较大；平均单粒重 15 g。坚果耐贮藏，贮后 4 个月腐烂率不到 10%。栗果 9 月中、下旬成熟，为中熟品种。炒食、菜用均可，并适宜加工。耐干旱、瘠薄；对胴枯病、栗瘿蜂等有较强的抗性。据当地观察，3 月下旬芽萌动，4 月上旬展叶。4 月 17 日～6 月 13 日为雄花序开放期，5 月 13 日～6 月 15 日为雌花期；9 月 16～23 日栗果成熟，11 月上旬落叶。新梢第一次生长高峰在 4 月 10～24 日；第二次生长高峰在 5 月 5～22 日，5 月 25 日新梢生长趋于缓慢直至停止。

长刺板红：树体结构紧凑，树高 3.5 m，冠幅 4.0 m，分枝角度 40°。结果枝长 17.7 cm，粗 0.573 cm，果前梢长

2.87 cm，芽眼饱满。雄花序长 15 cm，每果枝着生雄花序 8.7 条，着生雌花 1.57 个，雌花数和雄花序数的比例为 1∶5.55。结果能力强，结果枝占 62.44%，大小年不明显。每枝平均抽生果枝 1.37 条，每果枝着果 1.41 个。总苞长椭圆形，刺长 2 cm，排列紧密，苞被较厚。苞内坚果平均 2.5 个，出籽率 33.3%。坚果籽粒均匀。果顶长圆有尖，底部长椭圆形，浑圆突出，周缘有毛。果较大，平均单粒重 15 g。坚果耐贮藏，贮后 4 个月腐烂率不到 10%。栗果 10 月中旬成熟，为晚熟品种。炒食、菜用均可，并适宜加工。耐干旱、瘠薄；对胴枯病、栗瘿蜂有较强的抗性。据当地观察，3 月下旬芽萌动，4 月中、下旬展叶；4 月 19 日～6 月 17 日为雄花序开放期，5 月 14 日～6 月 13 日为雌花期，10 月 10～13 日栗果成熟，11 月中旬落叶。新梢第一次生长高峰在 4 月 15～24 日，第二次生长高峰在 5 月 10～25 日，5 月下旬新梢生长逐渐停止。

3. 适栽地区及品种适应性 短刺板红和长刺板红两个优良品种选出后，由于它们在山地栽培表现良好，栽植面积不断扩大。据初步统计，浙江省的淳安、桐庐、江山等 30 多个县已有较大面积栽培，总面积已超过 667 公顷；同时，这两个良种已引入湖北、湖南、福建等 10 多个省试栽。

4. 栽培技术要点及注意事项 根据多年的栽培试验，这两个优良品种耐干旱、瘠薄，适宜于我国南方山地和丘陵地区栽培，栽植密度以 4 m×4 m 为宜。在较好的肥水管理条件下，充分表现其早果、丰产特性，嫁接苗栽植后 3 年即结果投产，第 5 年进入盛果期，每公顷产量可达 3 750 kg 以上。

十三、早香1号

1. 品种来历 广东省农业科学院果树研究所与封开县果树研究所共同选育。

2. 品种特征特性　果实在 8 月中下旬成熟。单果重
11.6 g，总糖含量 4.5%，还原糖含量 1.6%，淀粉含量
26.4%，蛋白质含量 3.6%，脂肪含量 0.9%，水分含量
48.4%。种皮深褐色、有光泽。果肉淡黄色，风味香浓，品质
优。3 年生树平均株产 2.3 kg，4 年生树平均株产 4.9 kg。

3. 适栽地区及品种适应性　大别山板栗产区栽植。

4. 栽培技术要点及注意事项　以复合肥为主，420～
1 260 kg/hm²。追肥结合中耕除草或灌溉进行，新梢速生期施
氮肥，果实膨大期追施磷钾肥。

十四、浙早 1 号和浙江 2 号

1. 品种来历　1986 年，在浙江省林业厅种苗站的支持下，
组成了浙江省板栗良种选育协作组，制定了统一的选优标准和
调查程序及办法，开展了板栗资源调查和优株选择工作。
1986—1987 年，共初选出单株 200 余个，经诸暨、衢县两次
集中评选，按综合性状从中选出 54 个优株，收集保存于诸暨
板栗种植资源圃。1987—1990 年，对这 54 个优株分别考种，
复选出 37 个优株，分别参加在诸暨、金华、安吉、江山、建
德 5 个点的无性系区域性试验，以主栽品种毛板红做对照，连
续 3～9 年对生物学特性和果实经济性状进行比较研究、综合
考评，决选出浙 105 号和浙 131 号两个高产无性系，并于
1999 年 12 月通过浙江省科学技术委员会组织的专家鉴定，分
别定名为浙早 1 号、浙早 2 号。

2. 品种特征特性

浙早 1 号（原编号：浙 105 号）：树姿开张，半圆头形。
成龄树树高 5.0 m，冠幅 5.0 m×5.0 m，分枝角度 60°。结果
枝平均长 23.6 cm、粗 0.62 cm，果前梢长，芽眼饱满，母枝
平均发果枝 1.7 条，平均每果枝着果苞 1.48 个，结果枝比例

51%。雄花序长 15.3 cm，每果枝有雄花序 12～15 条，着生雌花 1.72 个，雌花：雄花序为 1：7.8。雄花花粉较多，授粉能力强，是毛板红的良好授粉品种。总苞大，椭圆形，苞刺长 1.5～1.8 cm，刺长而密。平均每苞有坚果 2.5 个，出籽率 35.1%。坚果赤褐色，果肩浑圆，果顶微凹，颗粒大，单粒重 16.4 g，有光泽，表面茸毛短且少，贮藏性一般。芽萌动期 3 月下旬，展叶期 4 月上旬，雄花序出现期 4 月中旬，盛花期 5 月中旬至 6 月上旬，雌花盛花期 5 月中旬至 6 月上旬，幼果于 5 月底至 6 月初出现，板栗成熟期 9 月初，为极早熟品种。嫁接苗定植后第 3 年开始结果，第 4～5 年株产 1.3 kg，第 6 年株产 3.3 kg，株产最高可达 6.2 kg，每公顷产量可达 3 906.0 kg。

浙早 2 号（原编号：浙 131 号）：树体高大，树姿半开张，成龄树树高 5.0 m，冠幅 4.8 m×4.8 m，分枝角度 45°。结果枝平均长 17.3 cm、粗 0.63 cm，果前梢长 3.5 cm，芽眼饱满，母枝平均发果枝 1.8 条，平均每果枝着果苞 1.43 个，结果枝比例 56%。雄花序长 16.7 cm，每果枝有雄花序 12 条，着生雌花 1.67 个，雌花：雄花序为 1：7.2。总苞大，椭圆形，苞刺长 1.5～1.8 cm，可见苞被，平均每苞有坚果 2.4 个，出籽率 34.3%。坚果颗粒均匀，果顶微尖，果顶边缘多毛，中部毛较少，底座周围有毛，坚果大，单粒重 13.3 g，棕褐色，有光泽，贮藏性较好，商品性极高。芽萌动期 3 月下旬，展叶期 4 月上旬，雄花序开放期 4 月中旬至 6 月上旬，雌花盛花期为 5 月上旬至 6 月上旬，板栗成熟期 9 月上旬，为早熟品种。投产早，产量高，嫁接苗定植后第 3 年开始结果，第 4 年株产 1.88 kg，第 5 年进入盛果期，株产可达 3.6 kg，最高株产为 6.1 kg，每公顷产量可达 3 843.0 kg。

3. 适栽地区及品种适应性 浙早 1 号和浙早 2 号适宜在南方丘陵山地栽培，土层深厚、疏松、肥力好的土壤更易获得高产。

4. 栽培技术要点及注意事项 施肥：施足基肥是促进早

期丰产和降低大小年幅度的重要条件。定植前要求每穴施入腐熟有机肥 30～50 kg。栽植行株距：平地栗园栽植行株距 (4～5)m×(4～5)m，坡地栗园可适当缩小行株距。控冠：树姿较开张，幼树要及时摘心，控制树冠过度外移。病虫害：加强防治桃蛀螟等病虫害。

十五、江山1号

1. 品种来历　试验园编号 14 号，原产浙江江山县。

2. 品种特征特性　树冠高大开张，分枝角度大，树皮绿褐色，叶倒卵形，深绿色塔垂，平展，叶背密被茸毛，芽体偏小、呈青紫色，每个结果母枝着生结果枝 2～3 条。雄花量少。总苞中上，6.4 cm×7.6 cm。出籽率 37.5%，每总苞出籽 2.4 粒。单粒重平均 8.9 g，最大年分 11.9 g（1991 年）。9 月中旬成熟。1990—1992 年 3 年平均单株产量 1.01 kg，折合 1 125 kg/hm²，为毛板红单株产量的 1.8 倍，上虞魁栗的 2.1 倍，65 个参试无性系的 1.7 倍。最高年份单株产量 1.52 kg，折合 1 680 kg/hm²（1992），区域性试验，百江镇松村周樟华板栗试验园单株产量达 4.01 kg，折合 2 400 kg/hm²，为对照产量的 2.9 倍。坚果棕黑色，茸毛多，果肉乳黄色。含水量 48.7%，淀粉 57.25%，可溶性糖 13.81%，蛋白质 7.8%，氨基酸 0.83%，脂肪 3.7%。

江山 1 号主要特点是生长势强，抗性强，栽培容易，高产，含水率低，淀粉、蛋白质、脂肪含量都高，耐贮藏。主要缺点是颗粒偏小。

十六、永荆3号

1. 品种来历　永嘉板栗是一个实生树为主的优劣混杂的

群体。在对板栗资源调查的基础上，通过主要性状的研究筛选多个性状兼顾的优良类型，以适应多目标板栗种质遗传改良的需要。经过多年的调查研究，筛选出永荆 3 号优株，其坚果个大、质优、难糊化、加工不易分瓣。

1988 年由浙江省永嘉县林业局主持，组织技术人员，在对全县板栗资源调查的基础上，选择了 12 个优良单株。其中在大箬岩镇梧涨村首次选出一大果型单株，当年为 30 年生，单株产量为 50 kg，由于个大、色泽光亮、早熟，决定将其列为初选树，选种编号为永荆 3 号。

2. 品种特征特性

物候期：在永嘉当地气候条件下 3 月下旬萌芽，4 月中旬展叶，雄花始花期 5 月上旬，盛花期 5 月中下旬，终花期 6 月上旬，雌花始花期为 5 月中旬，盛花期 5 月下旬，终花期 6 月上旬，果实成熟期 9 月上中旬，落叶 12 月上旬。

植物学特征：永荆 3 号栗母树为实生树，树高 11.2 m，冠径 11 m×7 m，干径 30.9 cm，骨干枝角度大，树姿开张，枝条粗壮，1 年生枝长 18～30 cm，基部粗 0.76 cm，芽节间长 2～2.5 cm。叶长椭圆形，长 20.5 cm，宽 9.5 cm，柄长 1～1.2 cm，锯齿间 1.2～1.5 cm，叶深绿色具光泽，平展略内向，叶顶渐尖，基部楔形。雄花序平均每果枝 12 条，长 24 cm，雄雌花序比 11.2：2.7。总苞椭圆形，纵横径 8.3 cm×6.4 cm，中型，重 70～118 g，刺束较疏，刺长 0.9～1.2 cm，苞皮厚 0.36 cm，平均每苞含坚果 2.6 个，出籽率 43%。坚果椭圆形，果顶平，果肩圆，果型大，平均粒重 18.3 g。果皮紫褐色具光泽，顶部梢见茸毛。果肉乳黄色，熟食粉质而略有桂花香味，栗肉炒菜不糊。

遗传稳定性：通过对无性系子代连续多年的观察，永荆 3 号具有较强的遗传稳定性，无论是植物学特性，还是生长结果习性均保持和母树的相似性。

加工特性：1998 年选送永荆 3 号等 4 个样品进行适制性加工试验，通过糖水罐头的试制，发现其中永荆 3 号样品易护色、粒大、形美、少开瓣。总糖 12.21%，还原糖 1.36%，淀粉 77.73%，纤维素 1.87%，含水量 53.65%，得率 77.4%，初步认为可以制作 B-E 级糖水栗罐头。1999 年做栗粉、真空软包装栗脯试制认为各项指标明显优于对照。

3. 适栽地区及品种适应性　浙江省及周边地区。

4. 栽培技术要点及注意事项

育苗繁殖：永荆 3 号栗用嫁接繁殖，保持优株性状，砧木以本砧为好，嫁接亲和力强，容易成活，生长强健，根系发达。造林后长势好，苗圃育苗采用沙藏催芽处理种子进行条播培育均匀砧木，每公顷播种量 375 kg 左右，可出苗 22.5 万株。春季嫁接采用挖皮骨接，秋季采用贴枝或贴芽接，苗木应加强管理，培育壮苗。

定植造林：永荆 3 号在秋季落叶后至翌春发芽前均可栽植，造林建园应选择土层较深厚，光照充足的地方。永荆 3 号幼树树冠扩张，生长枝较长，不宜密植，造林密度一般以 4 m×5 m 为宜，挖大穴或壕沟，施足基肥。

肥水管理：加强肥水管理是促进板栗高产稳产的重要措施，板栗常用的肥料最好以农家土杂肥为主结合施速效化肥，幼树期最好采用薄肥勤施，基肥于采果后施为好，追肥以春施为好。

病虫害的防治：永荆 3 号抗病性强，虫害较少发生，可通过冬季清园等措施综合防治保护。

十七、双季板栗

1. 品种来历　双季板栗是浙江省开化县特产局经过多年选育出的板果新品种。它具有一年开两季花、结两季果的特点。

2. 品种特征特性

一年开两季花、结两季果：第一季盛花期为 6 月上旬，第二季为 8 月，果实成熟期第一季为 9 月上中旬，第二季为 10 月下旬至 11 月上旬。

当年高接，当年挂果：1994 年春共高接了 0.53 hm² 计 460 株，当年产量 110 kg（其中第一季产量 20 kg，第二季为 90 kg），1995 年产量 500 kg（其中第一季 44 kg，第二季 456 kg）；而同时高接的 0.07 hm² 处暑红品种 60 株，当年未开花结果，1995 年产量仅为 3.5 kg。1994 年春新种 1.33 hm² 计 2 125 株，当年就有 80 株的幼树挂果，比其他良种提早 1～2 年结果，1996 年产量有望达到 1 125 kg/hm²。

外形大、品质佳：单粒重第一季 56 粒/kg，第二季为 84 粒/kg（疏果后能达 60 粒/kg）。最大单粒重为 33.5 g，且质糯味甜，两季果都有很高的商品价值。

产量高、抗逆性强：自花结实率高，特别是第二季在无其他花粉的情况下，结果性能很好，基本无生理落果现象。第一季开花时，如雨水过多，也会像其他板果品种一样，产量受到影响，但第二季开花结果，完全可以弥补并超过第一季产量。经对比试验，双季板果比其他板栗良种产量可提高 50% 上。

十八、桐选 13 号

1. 品种来历　原产浙江桐芦县分水镇懦桥。

2. 品种特征特性　树冠高大开张，树皮绿褐色，叶片平展，叶背茸毛稀少，叶形披针状、深绿，顶芽略扁、呈紫黑色，新梢挺直，分枝角度大，每个结果母枝有结果枝 1～2 条。雄花量少。总苞大，纵横径 7.2 cm×8.1 cm，每总苞平均出籽 2.88 个。单粒重大的 17.5 g，平均 14.4 g。出籽率 43.3%。9 月下旬成熟。定植后第 4～6 年，3 年单株平均产量 1.98 kg，折合每公顷产量 2 197.5 kg，为毛板红产量的 3 倍，上虞魁栗的 3.5 倍，为 65 个参试无性系平均产量的 3.25 倍。产量最高为第 6 年（1993 年），单株产量达 3.35 kg，折合每公顷产量 3 720 kg。地区性试验，龙游项家村 1993 年嫁接栗子树，1995 年每公顷产 396 kg，比毛板红（对照）单株产量高出 6 倍。坚果棕黑色、茸毛多，果肉乳黄色，果实含水量 59.9%，含糖 15.81%，淀粉 54.1%，蛋白质 5.6%，氨基酸 0.76%，脂肪 3.9%。

桐选 13 号主要优点是高产、大粒、耐贮藏，缺点是对灾害性天气抗性差，产量波动较大。

十九、桐选 32 号

1. 品种来历　原产浙江桐庐毕浦上沈。

2. 品种特征特性　树冠中等紧凑，半开张，分枝角中，树皮绿褐色，叶椭圆形，黄绿平展，叶背茸毛稀少，芽体扁小，呈紫黑色，雄花量中等。每个结果母枝上着生结果枝 1～2 条。总苞大，6.9 cm×9.5 cm，平均出籽率 34%，单粒重 8.8 g。9 月下旬成熟。前 3 年平均单株产量 2.27 kg，折合 2 520 kg/hm²，为毛板红产量的 3.1 倍，上虞魁栗的 3.7 倍，为 65 个参试无性系的 3.5 倍。产量最高年 1994 年（第 8 年生）单株产量达 4.95 kg，折合 5 490 kg/hm²。坚果棕黑色，茸毛多，果肉乳黄色。果实含水量 51.7%，含淀粉 58.6%，可溶性糖 10.93%，蛋白质 6.8%，氨基酸 1.25%，脂肪 2.1%。

桐选 32 号特点是树冠紧凑，适于密植栽培，粒大，产量高，耐贮藏。缺点是产量受气候影响波动较大。

二十、它栗

1. 品种来历 湖南它栗为湖南邵阳地区的农家品种，是当地的主栽品种，栽培历史悠久。

2. 品种特征特性

植物学特征：树势较强，树型较小，枝条开张，树冠半圆头形。总苞椭圆形，刺束较密而硬。每苞含坚果 2～3 个。坚果扁椭圆形，平均单果重 13.2 g，每千克 76 粒左右。果皮棕褐色，光泽暗淡。

生物学特性：树发枝力很强，每母枝抽生新梢 5～7 条，结果枝占 38.4%，每果枝着生 1.8 个总苞，果实中含蛋白质 10.7%，脂肪 3.4%，含糖 15%～20%，淀粉 62%～70.1%，单粒重 18～25 g，极耐贮藏。

物候期：果实 9 月中下旬成熟。

3. 适栽地区及品种适应性 为湖南省地方良种，广西、广东、江西、安徽、江苏等省、自治区引种表现良好。它栗适应性强，对气候、土壤要求不严，耐寒、耐旱、耐高温、耐瘠薄。在最低气温 -25 ℃，最高气温 40 ℃，年降水量 500～1 500 mm，海拔 100～3 000 m，土壤微酸性，年平均湿度 14.8% 的条件下都能生长。

4. 栽培技术要点及注意事项 植树大穴应挖排水暗沟，以防春季长期积水而影响苗木扎根、成活和生长，同时植树穴应施足基肥。应选用根系完整、强壮的 1～2 年生嫁接苗，栽植后嫁接口要露出地面。栽培密度应根据土地坡度和土壤肥沃程度而定，平地、肥地宜稀，坡地、瘦地宜密，一般每公顷栽植 825～1 320 株，行向最好是南北向。对结果树应按集中与分散结合的原则进行修剪，调整树势，促生健壮的结果枝。主要病害为白粉病，防治方法是在 4～6 月发病期，喷 70% 甲基托布津1000倍液，或50%多菌灵800倍液，或波美0.2~0.3度石硫合剂，或波尔多液。

二十一、靖州大油栗

1. 品种来历 湖南省靖州县著名的优良种质资源，南方各省也相继引种栽培，有的初见成效。

2. 品种特征特性 果大形美，属特大果型良种（平均果重25~30 g，最大果重42.2 g），外壳紫红、油亮。营养丰富、果实含淀粉49.8%~65.9%、蛋白质9.2%~11.8%、脂肪3.8%~4.7%，多种维生素和微量元素明显高于其他品种。早实性好，定植1~3年可始果，5年后进入盛果期（株产＞10 kg）。经济价值高，本品种栗果以果大形美、营养丰富、风味优良而在本地市场独领风骚（售价高达10~30元/kg，是其他品种的3~6倍），远销外省和东南亚市场。

3. 适栽地区及品种适应性 适应性强，耐旱涝，耐瘠薄，耐高温，耐低温，抗病虫（据中南林学院专家考证认定：本品种对板栗疫病的抗性尤为突出），山地、丘陵、平原均可栽培，是丘冈山地开发、移民开发等的好树种。

4. 栽培技术要点及注意事项

林地准备：选择光照充分、土层深厚，排水性好的山地、丘陵、平川为种植地。以4 m×4 m或2 m×2 m（先密后疏）的株行距等高挖壕（或大穴），表层腐殖质土回壕（穴）。

苗木定植：在11月下旬到3月中旬越早定植越好。定植方法与其他树种相同。最好按10∶1选配花期相遇、亲和力强、品质好的品种为授粉树。

整形修枝：以疏散分层（延迟开心）形、自然开心形、基部三主枝半圆形为主，幼树的修剪主要是定干造形，打好早实丰产的基础（定植苗 70 cm 截干；30 cm 以上为主干，萌芽全除或暂留 2～3 叶摘心辅养，30 cm 以上为整形带，按既定树形选留、培养主枝、侧枝和结果枝组）；成年树的修剪主要是培养丰产的群体结构，调节生长与结实的关系，促进持续、优质、高产（细弱枝、病虫枝、枯枝、交叉枝以疏删为主，结果母枝以留为主兼行必要的短截，徒长枝、已发育枝酌情删、截或调整角度）。整形修剪分为夏剪（开张角度、摘心、扭梢、抹芽、拉枝、拿枝、刻剥等）、冬剪（疏删、回缩、短截）。

病虫防治：靖州大油栗的抗病力强，病害少。虫害主要是食叶类（金龟子、叶蝉等）、蛀果类（象甲、桃蛀螟等）、蛀干类（天牛、剪枝象等）。各林地可视虫害情况采取生物、化学方法综合防治。

肥水管理：幼树林地可间种 1 年生蔬菜、豆类、药材、绿肥等，结果树结合中耕除草，采取环状或放射状沟施的办法施壮梢肥（4～5 月）、壮果肥（6～8 月）、采果肥（9～10 月），保证栗树对氮、磷、钾、硼、锌等元素及有机物的需求。

二十二、檀桥板栗

1. 品种来历　原产湖南衡阳县。

2. 品种特征特性　檀桥板栗 4 月上旬开始萌芽，叶青绿，叶横径 8.1 cm，纵径 19.7 cm，锯齿 0.2～0.4 cm，叶脉 14～18 对；5 月上旬始花，5 月下旬为盛花期，花期 1 个月左右，雄花序强壮，粗而短；坚果 9 月底成熟，10 月 1～5 日为当地采收期；檀桥板栗壳斗平均 9.0 cm×8.2 cm×7.7 cm，每个壳斗苞被 1～3 粒坚果，坚果枣红色，大而饱满，果脐呈球面状，较平宽。11 月中旬开始落叶，冬枝、冬芽灰色，少被或不被茸毛。按当地的劈接法，一般当年嫁接，次年挂果，第三年投产，有的当年嫁接，当年始花，第 7 年进入盛果期，盛果期每平方米冠幅可产坚果 0.67 kg。檀桥板栗粒大色鲜，坚果平均单粒重 16 g，且大小均匀，坚果具枣红色光泽，外形美观漂亮。檀桥板栗淀粉含量高，肉质细腻，生食似核桃，熟食如莲，风味独特，不失为一精美食品，早在清朝年间就闻名于衡州府。

檀桥板栗具有良好的耐贮性。由于淀粉、糖分含量高，水分含量低，克服了早熟、大粒品种不耐贮的弱点，在常规条件下，檀桥板栗用黄泥、湿沙可贮藏 3 个月，保鲜率 90％以上；用窖、缸贮藏，只需稍微控制水分，防止过早萌芽，一般可贮藏 4 个月；用家用电冰箱贮藏可达 5 个月之久。低温、中等湿度是檀桥板栗贮藏的最好环境。

3. 栽培技术要点及注意事项　檀桥板栗适应性强，栽培容易。考察前，檀桥板栗基本上是粗放经营，其生产方式是穴垦—定植砧木—劈接—摘板栗。在如此粗放管理条件下，檀桥板栗仍能获得每平方米冠幅 0.67 kg 的产量，足以证明其具有良好的丰产性能。

二十三、罗田中迟栗

1. 品种来历　主产湖北罗田县。

2. 品种特征特性　幼树树势偏弱，树形开张；1 年生结果母枝平均长度 26 cm，平均粗度 0.72 cm；叶长椭圆形；雄花序平均长度 17.8 cm，每结果新梢挂果 1.1 个，在武汉地区开花盛期 5 月下旬至 6 月上旬，果实成熟期为 9 月 20 日左右；总苞扁椭圆形，刺束短，排列较密，略斜生，苞壳较厚；出籽率 40％；坚果单粒重 20 g，椭圆形，赤褐色，光泽好。该品种果形大、整齐、茸毛少、品质好、较耐贮藏，对栗实象有较强的抗性，但早期丰产性较差，栽植第 4 年株产 1.05 kg。经湖北省农业科学院测试中心分析，坚果含水 52.96％，总糖 15.95％，蛋白质 4.32％，维生素 C 286.5 mg/kg。

适合于长江中下游栗产区栽培。

二十四、湖北大红袍

1. 品种来历 主产湖北京山、武汉等地。

2. 品种特征特性 树势中等，树姿开张，1 年生结果母枝平均长度 23 cm，平均粗度 0.71 cm；叶长椭圆形；雄花序平均长度 16 cm，每结果新梢挂果 2.2 个，在武汉地区开花盛期 5 月下旬，果实成熟期为 9 月上旬至中旬；总苞椭圆形，苞壳较厚，刺束长，较斜生，排列中密；出籽率 40％；坚果紫红色，茸毛少，单粒重 18 g 左右。该品种较耐贮藏，早期丰产性好，且能丰产稳产，但该品种对栗实象和桃蛀螟抗性较差。经湖北省农业科学院测试中心分析，坚果含水 50.31％，总糖 12.85％，蛋白质 3.68％，维生素 C 233.5 mg/kg。

适合于长江中下游栗产区栽培。

二十五、薄壳大油栗

1. 品种来历 主产湖北省罗田县。

2. 品种特征特性 树势强健，树冠紧凑。1 年生结果母枝平均长度 28.3 cm，平均粗度 0.68 cm；叶长椭圆形；雄花序平均长度 14.2 cm，每结果新梢挂果 2.3 个，在武汉地区开花盛期 6 月上旬，果实成熟期为 9 月下旬至 10 月上旬；总苞圆球形，苞壳薄，刺束短，排列稀疏，斜生。单粒重 18 g 左右，出籽率 55％；该品种早期丰产性好，栽植第 4 年株产 2.42 kg，坚果耐贮藏，品质好，抗桃蛀螟能力强。经湖北省农业科学院测试中心分析，坚果含水 48.32%，总糖 15.32%，蛋白质 6.31%，维生素 C 201 mg/kg。

适合于长江中下游栗产区栽培。

二十六、浅刺大板栗

1. 品种来历　主产湖北宜昌、姊归、大悟、京山等地。

2. 品种特征特性　树势强健，树冠较紧密，1 年生结果母枝平均长度 23 cm，平均粗度 0.71 cm；叶长椭圆形；雄花序平均长度 16 cm，每结果新梢挂果 2.2 个，在武汉地区开花盛期 5 月下旬，果实成熟期为 9 月上旬至中旬；总苞椭圆形，苞壳较厚，刺束长，较斜生，排列中密；出籽率 40%；坚果紫红色，茸毛少，单粒重 18 g 左右。该品种较耐贮藏，早期丰产性好，且能丰产稳产，但该品种对栗实象和桃蛀螟抗性较差。经湖北省农业科学院测试中心分析，坚果含水 50.31%，总糖 12.85%，蛋白质 3.68%，维生素 C 233.5 mg/kg。

适合于长江中下游栗产区栽培。

二十七、罗田早熟栗

1. 品种来历　原产湖北罗田县。

2. 品种特征特性　11 年生树高 5.14 m，东西冠幅 4.89 m，南北冠幅 4.9 m。栽后 3 年结果，8 年进入盛果期。枝梢芽眼萌芽率 81.1%，结果枝占 41.6%，雄花枝占 37.5%，营养枝占 20.9%，结果系数为 47.1，稳产系数为 40.1。每结果枝总苞数 1.61 个。母枝抽生结果枝能力为 2.1 条。果枝连续 2 年抽结果枝的占 39.4%，连续 3 年抽结果枝的为 24.9%。大小年不明显。11 年生单株均产 6.07 kg，最高单株产 10.05 kg。总苞中，椭圆形，出籽率为 38.8%。坚果均粒重 15.5 g，果皮暗紫褐色、有光泽，果肉偏粳性、味较甜、有微香。坚果含蛋白质 9.24%，脂肪 3.14%，淀粉 45%，可溶性糖 6.17%。

物候期：4 月上旬萌芽，5 月中旬开花，9 月中旬果实成熟，11 月下旬落叶。

3. 适栽地区及品种适应性 该品种在红壤丘陵地丰产，果粒较大，品质较佳，成熟期早，宜菜食和炒食用。

二十八、桂花栗

1. 品种来历 原产湖北罗田县。

2. 品种特征特性 树势中等，树冠紧凑，1 年生结果母枝平均长度 31 cm，平均粗度 0.57 cm。叶长椭圆形，雄花序平均长度 13.7 cm，每条结果新梢上平均挂果 1.5 个。总苞重 68 g，短椭圆形苞，苞壳厚 2.1 mm。刺束短，斜生，排列疏。坚果平均重 12.39 g，椭圆形，红褐色，色泽光亮，茸毛少，坚果底座小，出籽率达 54%。在武汉地区开花盛期为 5 月中下旬，果实成熟期为 9 月 5 日左右。该品种早期丰产性好，嫁接苗定植第 2 年挂果率达 30%～50%，第 3 年株产 0.53 kg，第 4 年株产 2.5 kg。病虫害极少，坚果耐贮藏，品质好。经湖北省农业科学院测试中心分析，坚果含水 502.8 g/kg，总糖 145.4 g/kg，蛋白质 46.0 g/kg，维生素 C 172.7 mg/kg。

适合于长江中下游栗产区栽培。

二十九、沙地油栗

1. 品种来历 沙地油栗是从湖北恩施市沙地乡大池村板栗地方品种中经过 13 年的选优、区域试验和生产试验选育出的良种板栗，1999 年 12 月通过湖北省农作物品种审定委员会审定，2001 年 12 月通过湖北省林木良种审定委员会审定。

2. 品种特征特性　树冠紧凑，树势强壮，树姿半开张，圆头形。枝条稠密，新梢长 18.5 cm，粗 0.58 cm，果前梢长 6.8 cm，节间长 1.5 cm。尾枝大芽 4 个，小芽 1 个，大芽圆形，小芽三角形。叶大型，长 22 cm，宽 8.6 cm。雄花序长 9 cm，平均每梢 8 条，雌花簇 2.4 簇，黄褐色。总苞椭圆形，刺束中密，中等大小，重 80 g，苞皮薄，呈十字形。坚果平均质量 11 g，椭圆形，果底大型，果面棕红色，油亮，茸毛少，外观美丽，涩皮易剥离。果肉含蛋白质 89 g/kg，脂肪 80 g/kg，糖 188 g/kg，淀粉 643 g/kg，含微量元素硒 0.025 mg/kg、锌 16.0 mg/kg、碘 0.23 mg/kg。果肉细腻，香甜可口，品质优良。与全国板栗主要优良品种质量对比分析：蛋白质和淀粉含量比九家种、毛板红、红毛早、长岭 1 号、来卯 1 号、浅刺大栗高；总糖含量比九家种、毛板红、红毛早、桂花香、浅刺大栗高；出实率比毛板红和桂花香高。母枝平均抽生果枝 2.3 条，果枝平均结蓬 2.6 蓬，蓬内平均坚果 2.8 粒，空蓬率 0.5%，出实率 45%，无大小年，发芽率 85.5%；全树结果枝占 60%。在恩施市海拔 400～800 m 地区，萌芽期 3 月 23 日～4 月 4 日，雄花花期 5 月 13 日～6 月 12 日；雌花柱头出现 5 月 24～28 日，柱头分叉 6 月 3～7 日，柱头反卷 6 月 18～22 日，果实成熟期 9 月 13～19 日。嫁接苗次年挂果，第 3～4 年单株平均产量 2.5 kg，每公顷产量 4 162 kg；第 5～6 年进入盛果期，单株平均产量 3.5 kg，每公顷产量 7 478 kg。

生长旺盛，适应性强，早实丰产，品质稳定，抗病虫，耐贮运。

3. 适栽地区及品种适应性　现已在湖北恩施市推广栽培 1 200 hm²，湖北、四川、重庆、湖南等省、直辖市已引种栽培。

4. 栽培技术要点及注意事项 用 3～4 年生野生板栗为砧木，高位嫁接沙地油栗，快速培育壮苗；选择土层深厚、疏松、微酸性的黄壤土、沙质壤土和紫色土，水肥条件较好的地方种植；定植密度每公顷 825～1 665 株；加强水、肥管理，整形修枝及防止病虫害；适于在湖北省恩施土家族苗族自治州海拔 1 400 m 以下（400～800 m 最为适宜）栽培或同类地区栽培。

三十、优系 JW2809

1. 品种来历 板栗优系 JW2809 系 1994 年在湖北省板栗主产区自然杂交的实生板栗中选出。1995 年春季高接，经 4 年品比研究，能保持母株雌花量大，果仁总糖含量高，较抗栗链蚧等优良性状。在 40 多个参比株系中，综合性状优良，为极具发展前景的中晚熟板栗优系。

2. 品种特征特性

植物学特性：树姿半开张，1 年生枝浅绿色，节间长 2.0 cm，茸毛中多。多年生枝灰色，茸毛少。叶片中大，长 15.3 cm，宽 5.9 cm，倒卵状披针形，绿色，中等厚。雄花序中多、中长。

生长结果习性：高接第 4 年树高 3.8 m，高圆头形，干周 41.8 cm，冠径 2.5 m，树势较强。结果枝平均长 25.4 cm，粗 0.49 cm，尾枝长 3.2 cm，尾枝发生率 87%。发育枝、结果枝和雄花枝占新梢的比例分别为 18.5%、42.0% 和 39.5%，雄花序与雌花序比例为 4.4∶1。每条结果枝着生总苞 2.2 个，每条结果母枝抽生结果枝 3.5 条。连续 3 年和连续 2 年能结果的结果枝各占 50%。每平方米树冠投影面积坚果产量 1.17 kg，高接第 3 年单株产量 5.75 kg。

果实经济性状：总苞椭圆形，均重 35.6 g，苞刺短，斜

生，中密。每总苞平均坚果 2.7 个，坐果率 73.7%，出实率
49.2%，成熟时呈十字形开裂。坚果圆形，大小整齐，果皮红
褐色，有光泽。单粒重 7.1 g，最大 7.7 g。底座月牙状，底座
值 0.278，涩皮易剥。栗仁含水量 0.512 g/g，干果样含淀粉
0.39 g/g，总糖 0.22 g/g，可溶性蛋白质 0.074 g/g，粗脂肪
0.072 g/g，维生素 C 0.15 mg/g，氮 0.012 g/g，磷 0.010 g/g，
钾 0.009 g/g，镁 0.6 mg/g，铁 43.96 μg/g，锌 33.29 μg/g，
铜 12.56 μg/g。

物候期：在荆州市荆州区，萌芽始期 4 月 1 日，盛期 4 月
5 日。雄花盛花期 6 月 5 日。雌花柱头出现期 5 月 25 日，柱
头分叉期 5 月 28 日，柱头反卷期 6 月 6 日。新梢停长期 7 月
下旬至 8 月上旬。果实成熟期 9 月中下旬。落叶期 11 月下旬
至 12 月上旬。

3. 适栽地区及品种适应性　在高接园红沙壤土上能正常
生长结果，对肥水条件要求不严，空苞极少，生理落果轻微。
品比期间未发现感染栗干枯病和其他病害，栗瘿蜂、栗实象发
生极轻，较抗栗链蚧。

4. 栽培技术要点及注意事项　该株系新梢粗长，总生长
量大，树冠高大；雄花序数量多，坚果属小果型。因此，栽培
中应特别注意：一是定植密度不宜太大，以免造成树冠内膛和
栗园群体郁蔽。二是要适当开张骨干枝角度，及时疏除细弱枝
和病虫枯枝，改造或疏除徒长枝，保证树冠内膛通风透光。三
是增施水肥，促结大果。

三十一、云腰

1. 品种来历　从 1989 年开始进行板栗良种选育工作。云
腰母株产于昆明市寻甸县，实生繁殖，于 1999 年 10 月 4 日通
过省级鉴定，并按照《云南省园艺植物品种注册保护条例》进

行了新品种注册登记。

2. 品种特征特性

植物学特征：当年新梢黄绿色，皮孔近圆形，小而稀，茸毛少，黄褐色。叶片宽披针形（极少数长椭圆形），平均长17.24 cm，宽7.01 cm，叶柄长1.44 cm，叶基楔形或圆形，锯齿大，内向，叶尖急尖，叶色浓绿，光泽度亮。云腰总苞椭圆形，平均重69.61 g，长8.27 cm，宽7.48 cm，高5.44 cm，刺束稀，刺长1.16 cm，球肉厚0.22 cm，成熟时呈一字形开裂。坚果椭圆形，果顶平或微凹，平均单粒重11.75 g，宽3.31 cm，厚2.04 cm，高2.52 cm。果皮紫褐色，光泽度亮，茸毛多，接线如意状，底座中等。

生物学特性：在新植2年生实生密植栗园嫁接，当年开花结果，第2年单株产量350 g，结实株率67.7%，第5年平均株产2.39 kg，结实株率100%。每一结果母枝平均抽生5条新梢，其中结果枝占64%，雄花枝占28%，发育枝和纤弱枝各占4%。单位结果母枝着果总数7个，连年结果能力强。出籽率45.2%～55.8%。坚果含水分49.98%，粗蛋白5.99%，总糖17.9%，淀粉40.10%，粗脂肪3.92%，淀粉糊化温度57℃。

物候期：云腰在玉溪市峨山县芽萌动期2月25～28日，展叶期3月1～5日，抽梢期3月6～19日，盛花期雄花5月6～25日，雌花5月11～20日，果实成熟期8月下旬至9月上旬，落叶期11月下旬。

3. 适栽地区及品种适应性　云腰早实丰产性能好，坚果粗蛋白和总糖含量高，品质优，适宜云南海拔1 300～1 900 m广大山区、半山区种植。

4. 栽培技术要点及注意事项　云腰树体较矮化，适宜密植，株行距3 m×4 m。树形宜采用开心形或变则主干形。用其枝条对幼龄栗园进行改造，形成的当年生壮枝，轻剪（剪除枝长 1/3）和中剪（剪除枝条 1/2）萌发的枝条均能抽生良好结果枝，重短剪（剪除枝条 2/3）则难以形成结果枝。幼树修剪宜采取轻、中短剪为主的修剪方法，对骨干枝延长采用中、重短截，以扩大树冠，对过弱枝进行疏除，对其余枝均轻剪缓放，以促进结果。连年结果后，要及时回缩更新修剪。授粉品种以云富和云早为宜。

三十二、云早

1. 品种来历　原代号为云栗 22 号。母株产于昆明市寻甸县，实生繁殖，树龄 100 年。树高 5 m，树冠大，树姿开张，单株产果 20 kg。1999 年通过省级鉴定，并按照《云南省园艺植物品种注册保护条例》进行了新品种注册登记。

2. 品种特征特性

植物学特性：当年生枝淡绿色，皮孔圆形，大而稀，茸毛少，黄褐色，叶片宽披针形，平均长 15.08 cm，宽 6.26 cm，叶柄长 1.96 cm，叶基楔形或圆形，叶尖渐尖，锯齿大，直向，叶色绿，有光泽。总苞长椭圆形，平均重 81.41 g，长 9.66 cm，宽 7.82 cm，高 6.42 cm，刺束稀，刺长 1.49 cm，球肉厚 0.23 cm，成熟时一字形开裂。坚果椭圆形，果顶平（极少数微凸或凹），平均重 12.18 g，宽 3.19 cm，厚 2.09 cm，高 2.51 cm。果皮赤褐色，光泽度亮，茸毛中等，接线如意状，底座中等大。

生物学特性：在新植 2 年生实生密植栗园嫁接当年开花结实，第 2 年平均株产 1.03 kg，第 4 年 2.37 kg，结实株率 100%。每一结果母枝平均抽生 8.6 条新梢，其中结果枝占 69.8%，雄花枝占 20.9%，纤弱枝占 9.2%。单位结果母枝着果总数 8.6 个，连年结果能力强。出籽率 45.6%～57.9%。坚果含水分 51.6%，粗蛋白 8.72%，总糖 24.17%，淀粉

42.08％，粗脂肪 4.23％，淀粉物化温度 55 ℃。

物候期：云早在玉溪市峨山县芽萌动期 3 月 1～5 日，展叶期 3 月 6～10 日，抽梢期 3 月 11～25 日，盛花期雄花 5 月 1～15 日，雌花 5 月 1～10 日，果实成熟期 8 月中旬，落叶期 11 月下旬。

3. 适栽地区及品种适应性　云早结果极早，特别丰产，坚果含糖量高，品质优良，适宜云南海拔 1 200～1 900 m 广大山区、半山区种植。

4. 栽培技术要点及注意事项　云早宜中密度种植，株行距 3 m×4 m 至 4 m×5 m。树形宜采用开心形或变侧主干形。该品种 1 年生壮枝轻、中短剪均能萌发抽生良好的结果枝，重剪后抽生结果枝能力稍差，宜采用轻重剪相结合的修剪方法。授粉品种以云富和云珍为宜。

三十三、云红

1. 品种来历　1991 年云红母株入选为优良单株，1993 年云南省峨山县森警队将该优株大树高接，参加 44 个优株无性系评比试验，为第 1 代优株无性系评比试验园；1994 年将 44 个优株分别采集接穗在云南省峨山县舍郎乡建立第 2 代优株无性系测定圃，进行无性系后代测定；1996 年，根据优株评比试验结果，作为选择出的 24 个板栗新品系之一，在全省进行区域栽培试验和丰产栽培示范。经对各区试点的生长结果、抗性和产量品质测定确定入选为新品种，品种名称定为云红，在云南省进行示范推广。于 2009 年 12 月通过云南省林木品种审定委员会审定，良种编号：滇 S - SV - CM - 006 - 2009。

2. 品种特征特性　母株产于昆明市宜良县，实生繁殖，树龄 25 年，树高 3.8 m，冠幅 6 m×8 m，年株产 50 kg。该品种树势中等，树姿开张。1 年生枝黄绿色，皮孔椭圆形，中等大小，密度大，茸毛少，黄褐色。叶片宽披针形，平均长 25.5 cm，宽 9.0 cm，叶柄长 1.5 cm，叶基楔形，叶尖急尖，锯齿大，内向。

云红总苞椭圆形，平均重 45.4 g，长 7.2 cm，宽 6.6 cm，高 5.9 cm，刺束密度中等，刺长 1.4 cm，球肉厚 0.29 cm，成熟时呈一字形开裂。坚果椭圆形，果顶平，平均重 11.95 g，宽 2.9 cm，厚 2.1 cm，高 2.6 cm。果皮紫褐色，光亮，茸毛少，接线平直，底座小。出籽率 47.4%。坚果含水分 49.2%，粗蛋白 9.13%，总糖 18.59%，淀粉 40.96%，粗脂肪 4.17%，淀粉糊化温度 59 ℃。云红坚果色泽光亮，红褐色，商品性状好，出籽率高，含糖量较高，品质特优。

云红在峨山芽萌动期 3 月 1~5 日，展叶期 3 月 6~15 日，抽梢期 3 月 16~25 日，雄花出现 3 月 26~30 日，初花期 5 月 1~5 日，盛花期 5 月 6~20 日，末花期 5 月 21~25 日。雌花现蕾期 4 月 26~30 日，初花期 5 月 1~5 日，盛花期 5 月 6~15 日，末花期 5 月 16~20 日。幼果形成期 6 月 10 日，果实成熟期 8 月下旬，落叶期 11 月下旬。

3. 适栽地区及品种适应性　云红适应范围广，对不良的气候条件适应性强，抗病虫能力较强。在云南海拔 1 300~1 900 m 广大山区、半山区以及我国南方与其气候相似的地区均可种植。

4. 栽培技术要点及注意事项　云红适宜中等密度种植，株行距 4 m×5 m，定干高度 80~90 cm，干高 50~60 cm。立地条件好，经营强度高，可适当稀植，株行距 5 m×6 m。种植时挖大穴，穴宽深 80 cm 以上，每穴施有机肥 50~80 kg。可直接种植嫁接苗，嫁接口高于地面 5~10 cm；也可先栽植实生苗，待成活后第 2 或第 3 年采集云红接穗进行嫁接。定植后及时定干，加强肥水管理，促进苗木快速生长。

三十四、云丰

1. 品种来历 原代号为云栗 6 号，母株产于宜良县，实生繁殖，树龄 50 年。

2. 品种特征特性

植物学特征：总苞椭圆形，成熟时呈一字形开裂。坚果椭圆形，平均重 10 g。果皮紫褐色，光泽度亮，茸毛中等，底座大，接线如意状。

生物学特性：在第 2 代优株无性系鉴定圃，嫁接当年开花结实株率 50%，第 2 年单株产果 440 g，结实株率 56.7%，第 4 年平均株产 2.27 kg，结实株率 100%。出实率 45.3%～50%。坚果含水分 42.7%，粗蛋白 11.55%，总糖 20.75%，淀粉 43.50%，粗脂肪 3.88%，淀粉糊化温度 51 ℃。

物候期：在峨山芽萌动期 3 月 1～4 日，展叶期 3 月 5～10 日，抽梢期 3 月 11～19 日，盛花期 5 月 5～20 日。果实成熟期 8 月中下旬，落叶期 12 月上旬。

3. 适栽地区及品种适应性 本品种早实丰产性能好，连年结实力强，抗性好。坚果含总糖量高，品质好。适宜云南海拔 1 200～1 900 m 广大山区半山区种植。

4. 栽培技术要点及注意事项 中密度栽植，株行距 4 m×5 m。幼树采取撑拉开角、摘心、短剪以及适当缓放的修剪方法，既保证扩大树冠，又能早期结果。连年结果后，要注意回缩更新修剪。适宜授粉树为云富、云良。

三十五、云雄

1. 品种来历 云雄，原名云栗 42，在 1997—1998 年板栗新品系授粉试验中，发现该品系坚果大、品质优、产量高，不仅是优良的主栽品系，而且具有雄花多、花序长、花期长、花粉发芽率高的优良特性，作为授粉品系对主栽品种授粉具有成实率高，增大果粒和产量，改善坚果品质等花粉直感作用。2001年在生产上进行不同授粉方式配置试验示范，取得了良好的增产效果。2010年通过了国家林业局林木良种审定委员会审定，定名为板栗新品种云雄，良种编号为：国 S-SV-CM-021-2010。

2. 品种特征特性　母株产于峨山县，实生繁殖。1992年入选为优良单株，树龄25年，树高7 m，冠幅8 m×9 m，年均产量30 kg/株。云雄树姿开张，当年生枝条淡绿色，皮孔椭圆形，小，密度中等；茸毛密，黄褐色。叶片长椭圆形，平均长21.90 cm、宽7.10 cm，叶柄长1.70 cm；叶基楔形，叶尖急尖，锯齿大，直向。

云雄总苞椭圆形，长8.60 cm，宽7.30 cm，高6.70 cm。平均总苞单苞重100.7 g，总苞刺束中密，刺长1.60 cm，球肉厚2.30 cm，成熟时呈十字形开裂。坚果椭圆形，宽2.30 cm，厚2.70 cm，高3.60 cm。平均单果重15.6 g，果皮红褐色，果顶微凹，茸毛少，接线如意状，底座中等。果肉糯性、香，品质较好。出籽率54.30%，坚果水分含量46.70%，粗蛋白质含量8.05%，总糖含量19.71%，淀粉含量58.42%，粗脂肪含量3.61%，淀粉糊化温度60 ℃。

云雄在峨山县的芽萌动期为3月1～5日，展叶期3月6～10日，抽梢期3月11～19日，雄花出现在3月20～30日，初花期为5月1～5日，盛花期为5月6～20日，末花期是5月21～25日。雌花现蕾期4月6～30日，初花期5月1～5日，盛花期5月6～15日，末花期5月16～20日。幼果开始形成期6月5日，果实成熟期8月25日～9月10日，落叶期12月上旬。

3. 适栽地区及品种适应性　云雄适宜在云南省海拔1 300～

2 100 m 的山区、半山区以及我国南方类似气候的地区种植。该品种抗病、抗旱力较强。

4. 栽培技术要点及注意事项　云雄适宜中低密度栽植，栽植行株距 6.0 m×5.0 m 或 8.0 m×6.0 m，授粉品种可用云良、云红；树形宜选用开心形或疏散分层形，在修剪上，幼树以轻剪为主，轻重剪结合，除中心干和主、侧枝延长枝中剪、重剪外，其余旺枝均轻剪或缓放，撑拉开张角度，促进结果。进入盛果期后，在加强土肥水管理的基础上，通过修剪维持树体平衡，达到年年丰产。每年休眠期，深翻施入腐熟有机肥做基肥，株施有机肥 50～80 kg。在生长季节，分别在萌芽期、开花期、幼果膨大期和采收后追施氮磷钾复合肥以及微量元素硼和钼，花期叶面喷施 0.2%～0.3% 硼酸或 0.2% 尿素＋0.2% 磷酸二氢钾＋0.1% 硫酸镁＋0.2% 硼酸＋0.1% 硫酸锌，连喷 3～4 次，可增加雌花数量，降低空苞率。在云南省主栽区，云雄主要病虫害有栗实象甲、栗大蚜、栗瘿蜂、栗白粉病、栗疫病等，在栽培过程中应注意这些病虫害的预防。

三十六、云良

1. 品种来历　原代号为云栗 33 号，母株产于宜良县，实生繁殖，树龄 20 年。

2. 品种特征特性

植物学特征：母株产地于昆明市宜良县，实生繁殖，树龄 20 年，树高 4 m，冠幅 5 m×6 m，单株产量 60 kg。该品种树冠圆头形，1 年生枝绿色，皮孔椭圆形，小，中等密度，茸毛多，黄褐色。叶片宽披针形，稀卵状椭圆形，平均长 20.1 cm，宽 8.1 cm，叶柄长 2.1 cm，叶基圆形或楔形，叶尖急尖，锯齿大，直向。叶色浓绿。总苞椭圆形，平均重 82.16 g，长 8.28 cm，宽 7.64 cm，高 7.34 cm，刺束密度中等，刺长

1.65 cm，苞肉厚 0.29 cm，成熟时呈十字形开裂。坚果椭圆形，果顶微凸，平均重 11.28 g。果皮紫褐色，茸毛较多，底座中等大小，接线如意状。

生物学特性：高接在 12 年生大树上，树势中等偏强，第 2 年单株产量 3.4 kg，第 6 年 7.17 kg。嫁接在 6 年生实生栗树上，第 2 年平均株高 2.11 m，冠幅 1.38 m×1.43 m，平均株产 2.31 kg，最高 4.36 kg。嫁接在 2 年生实生栗树上，第 2 年开始结果，第 5 年平均株产 2.53 kg，结实株率 100%。每一结果母枝平均抽生新梢 5.4 条，其中结果枝占 74%，雄花枝 11%，纤弱枝 15%。每母枝着生总苞平均 14.2 个，连年结果能力强。出籽率 41%～58.7%。坚果含水分 50.91%，粗蛋白 7.23%，总糖 21.87%，淀粉 48.41%，糊化温度 56.0 ℃。

物候期：在玉溪市峨山县，萌动期 3 月 1～5 日，展叶期 3 月 6～10 日，抽梢期 3 月 11～20 日，雌雄花盛花期 5 月 11～25 日。果实成熟期 8 月下旬，落叶期 11 月底。

3. 适栽地区及品种适应性　该品种早实丰产。适应范围广，抗逆性强。坚果含总糖量高，果肉香、糯、品质优。适宜云南海拔 1 200～2 100 m 广大山区半山区种植。

4. 栽培技术要点及注意事项　适宜中密度种植，行株距 5 m×4 m。该品种 1 年生枝轻短剪后抽枝数量、座总苞数均高于对照，中短剪抽生枝条 60% 为结果枝，重短剪则难以形成结果枝。修剪方法应以轻中短剪为主，幼树采取撑拉开角、摘心及适当缓放的方法。授粉品种以云富、云早为宜。

三十七、云珍

1. 品种来历　原代号为云栗 44 号，母株产于峨山县，实生繁殖，树龄 25 年。

2. 品种特征特性

植物学特征：母株产于玉溪市峨山县，实生繁殖，树龄 25 年，树高 7 m，冠幅 7 m×7 m。单株产量 35 kg。树冠呈偏圆头形，树姿较开张，1 年生枝灰绿色，皮孔椭圆形，大而稀，茸毛少，灰白色。叶片倒卵圆形，平均长 23.5 cm，宽 8 cm，叶柄长 1.8 cm。叶基楔形或圆形，叶尖渐尖、锯齿稀、直向。叶色浓绿，有光泽。总苞椭圆形，平均重 48 g，长 7.8 cm，宽 6.1 cm，高 5.2 cm，刺束稀，刺长 1.2 cm，苞肉厚 0.2 cm，成熟时一字形开裂。坚果椭圆形。平均重 11.2 g，果顶平，茸毛较多，果皮紫褐色，光泽度亮，底座中，接线如意状。

生物学特性：高接在 12 年生大树上，第 2 年单株产量 2.01 kg，第 6 年 13.56 kg。嫁接在 6 年生实生栗树上，第 2 年平均株高 2.5 m，冠幅 1.74 m×1.92 m，平均株产 2.03 kg，最高 3.82 kg。嫁接在 2 年生实生栗树上，第 2 年单株产果 0.52 kg，第 4 年平均株产 3.52 kg，结实株率 100%。每一结果母株平均抽生新梢 6.4 条，其中结果枝占 62.5%，发育枝 12.5%，雄花枝 9.4%，纤弱枝 15.6%。每母枝着生总苞平均 15.4 个，连年结果能力强，出籽率 41%～55.2%。坚果含水分 49.09%，粗蛋白 8.35%，总糖 19.49%，淀粉 43.78%，糊化温度 55.0 ℃。

物候期：在玉溪市峨山县，萌动期 3 月 5～10 日，展叶期 3 月 11～15 日，抽梢期 3 月 16～25 日，雌雄花盛花期 5 月 11～25 日。果实成熟期 8 月下旬，落叶期 12 月上旬。

3. 适栽地区及品种适应性 该品种早实丰产，抗逆性强。适宜云南海拔 1 200～2 100 m 广大山区、半山区种植。

4. 栽培技术要点及注意事项 宜密植栽培，行株距 4 m× 3 m。该品种当年生枝轻、中、重剪后均能抽生良好的结果枝，适宜人工控冠矮化密植栽培。冬季修剪以短剪为主，短剪和疏枝相结合的修剪方法。授粉品种以云富、云早为宜。

三十八、云夏

1. 品种来历 1992 年入选为优良单株；1999 年，同初选的云栗 47 号、48 号、49 号 3 个早熟品系，分别采集接穗嫁接在昆明、永仁、峨山、玉溪进行早熟品种比较试验。经多年对物候期、生长结果习性观察测定、测产考种等生物学特性的研究和栽培试验，获得成功，已通过国家林业局林木品种审定委员会审定，良种编号：国 S - SV - CM - 035 - 2008，定名为云夏。

2. 品种特征特性 云夏母株原产宜良县，实生繁殖。树龄 400 年，树高 7 m，冠幅 22 m×19.8 m，株产 120 kg。云夏树冠圆头形，树姿开张，当年生枝深绿色，皮孔椭圆形、大、密、无茸毛、黄褐色。叶片长椭圆形，叶基楔形，叶尖急尖，叶缘锯齿平直，叶背茸毛密、灰白色，叶面两边向中脉翘起，平均长 20.5 cm，宽 9.2 cm，叶柄长 1.3 cm。

云夏总苞椭圆形，平均质量 80.9 g，长 8.81 cm，宽 7.22 cm，高 7.3 cm。总苞刺束密度中等，刺长 1 cm，成熟时呈一字形开裂。坚果椭圆形，果顶微凹，平均质量 16.5 g，宽 3.57 cm，厚 2.52 cm，高 2.95 cm，果皮黄褐色，有光泽，茸毛中等，接线如意状，底座中等。出籽率 41.24%。球肉厚 0.28 cm，经分析测试，坚果含水分 51.91%，粗蛋白 7.23%，总糖 21.78%，淀粉 48.41%，粗脂肪 4.81%，淀粉糊化温度 52 ℃。

在永仁，云夏芽萌动期 2 月 10～15 日，展叶期 2 月 16～25 日，抽新梢期 3 月 25 日～4 月 10 日，雄花盛花期 4 月 20～28 日，雌花盛花期 4 月 25～30 日，幼果形成期 5 月 10～20 日，果实成熟期 7 月 20～25 日，10 月下旬进入落叶休眠期。在昆明，云夏芽萌动期 3 月 1～7 日，展叶期 3 月 8～12 日，抽新梢期 3 月 12～22 日，雄花盛开期 5 月 10～17 日，雌花盛开期 5 月 7～15 日，幼果形成期 6 月 1～5 日，果实成熟期 8 月 10～15 日，11 月上旬进入落叶休眠期。

3. 适栽地区及品种适应性 云夏适应范围广，抗性强，适宜云南海拔 1 300～1 800 m 广大山区、半山区，特别是光热资源丰富的干热河谷区种植更佳，以及我国南方气候类似的省区种植。

4. 栽培技术要点及注意事项 云夏适宜中密度种植，株行距 4 m×5 m～4 m×6 m，每公顷 375～600 株。种植前挖穴深宽 80 cm，每穴施入有机肥 50～80 kg。可种植嫁接苗，也可栽植实生苗。种植嫁接苗时，嫁接口要高于地面 5～10 cm。栽植实生苗的，待成活后第 2 年或第 3 年嫁接。种植后及时定干，加强肥水管理，使苗木快速生长。云夏宜采用开心形树形，定干高度 60～70 cm，选留 3～4 条主枝，每主枝配侧枝 2～3 条，主枝开张角度为 60°。幼树期修剪以轻剪为主，轻重结合，多留辅养枝，对主枝、侧枝的延长枝，采用壮芽当头，中度或重度短剪，促进发枝，扩大树冠，其余旺枝均轻剪或缓放，掌控开张角度，培养结果枝组，促进结果。云夏在栽培管理上，最好种植于深厚肥沃的土壤上，强化肥水管理，每年休眠期，深翻施入腐熟的有机肥做基肥。在生长季节，根据植株生长发育需求，分别在萌芽期、开花期、幼果膨大期和采收后追施氮、磷、钾复合肥，以及微量元素硼和钼，花期叶面喷施 0.2%～0.3% 硼酸，或 0.2% 尿素＋0.2% 磷酸二氢钾＋0.1% 硫酸镁＋0.2% 硼酸＋0.1% 的硫酸锌混合液，连续喷 3～4 次，可增加雌花数量，降低空苞率。授粉品种可用云栗 48 号、云栗 49 号。云夏板栗树势生长健壮，抗病虫能力较强，但管理粗放可能引发病虫害。在云南主栽地区主要病虫害有栗实象甲、栗大蚜、栗瘿蜂、白粉病、栗疫病等。在栽培过程中应注意这些病虫害的预防。

三十九、农大1号

1. 品种来历　农大1号板栗（简称农大1号）是用广东省清远市阳山油栗辐射诱变，经16年选育出来的板栗新品种，其特点是早熟、矮化、丰产稳产和抗病性强。1991年通过广东省科学技术委员会成果鉴定。

2. 品种特征特性

树形矮化、树冠紧凑：农大1号8年生平均树高3.3 m，冠幅2.7 m，分别为原品种的45.1%和44.8%，也即比原品种矮小一半多。树形的矮化，缩短了水分和养分的运输距离，减少了能量的消耗，有利于营养物质的积累，同时树冠紧凑，主干和骨干枝明显小而短，结果枝组数量增多，使树体营养物质分配更臻合理，更多用于生殖器官的发育，减少营养器官生长的消耗，这样既能提高光能利用率，又可提高种植密度，种植密度比原来增加1倍以上，为400～900株/hm²。从而进一步提高了单位面积产量，获取更好的经济效益。

枝条短、母枝壮、连续结果能力强：农大1号枝条平均长度26.1 cm，比原品种缩短27.9%，果前枝和节间长度也均缩短，属短枝类型。由于枝条短，所消耗的营养较少，而贮藏的营养物质较多，故枝条壮实、芽饱满，结果母枝的质量较高，花芽分化比较彻底，连续结果能力强，可达82.98%，因此结果大小年不明显。

雄花序短小、雌花簇增多，坐果率高：板栗是雄花多雌花少的树种，故花开满树，却结果寥寥无几。板栗雄花序生长所消耗的营养与叶片生长消耗的相当，过多的雄花消耗了大量的养分，是造成板栗低产和不稳产的一大原因。而农大1号的雄花序长度缩短为原品种的69.5%，部分雄花序在发育过程中败育，这样减少了养分的消耗，为多分化雌花和提高坐果率提供了营养条件。因此混合花芽比例增加，雌花分化良好，雌花枝比例为 69.15%，比原品种增加 7.15%；平均每果枝种苞数 1.83 个，比原品种多 0.28 个；生理落果少于 10%，坐果率提高 8%。

早熟、优质：农大 1 号板栗于 5 月中旬开花，8 月下旬果实开始成熟，果实发育期 90 多天，成熟期比原品种提前 15～20 天，是广东省内最早上市的板栗新品种。虽然果实发育期有所缩短，但果实仍保持了原品种优良品质，风味较好。

一苞多果、出实率高、丰产稳产性好：板栗通常每苞内含坚果 1～3 粒，而农大 1 号的果实中有 4% 以上的种苞结坚果 4～7 粒，而原品种未发现一苞多果的。农大 1 号平均每苞坚果 33.1 g，每粒坚果 10.04 g，出实率 48.37%，比原品种分别提高 57.6%、2.0%、14.78%。说明农大 1 号矮化紧凑的树体结构，有利于果实获得足够的营养物质，坚果发育良好，饱满，瘪粒少，同时种苞明显较薄，使出实率得以提高。通过对 8 年产量的统计，农大 1 号种植后第 4 年试结果，第 5 年开始投产，5～10 年时平均每株产量分别是 610.8 g，1 779.1 g，2 541.5 g，3 037.7 g，3 380.7 g，3 630.6 g；12 年时平均每株产量比原品种提高 16.2%。在历年产量记录中，有过种植后第 8 年，单株产量达 9 509.7 g 和 10 730.0 g 的记录。农大 1 号由于早熟性，每年 9 月中旬果实已全部收获，至 11 月份落叶前还有很长一段时间进行光合作用和养分积累，贮藏营养充足，为翌年雌花分化提供更有利的物质条件，因此稳产性好。

3. 适栽地区及品种适应性　抗病性强，经长期观察，农大 1 号板栗未发现严重的病虫害，特别是对斑点病、叶斑病和干枯病有较强的抗性。在同一块园地，甚至在同一株树而嫁接不同品种的枝条上，尽管其他品种受上述病害危害，而农大 1 号不受危害，即使在后期受害也较轻，表现出较强的抗病性。适宜在华南各省及长江流域栽培。

4. 栽培技术要点及注意事项

建园：农大1号板栗建园时应选择阳光充足，土壤疏松，水肥条件较好的立地，并采用大穴施足基肥等高质量整地措施，尽量为幼树提供有利的生长环境。农大1号矮化紧凑的树体结构，宜采用较大的种植密度，株行距可采用4 m×4 m或3 m×3.5 m，每公顷600～900株，并注意配置适宜授粉树，或2～3个品种一起种植，以提高结实率。

整形修剪：农大1号宜采用自然开心形整形，栽植时，在50 cm处定干，培育主枝3条，副主枝6条。生长季节多次摘心，促进分枝，增多健壮末级枝梢并转化为结果母枝。农大1号生长势较弱，成花容易，因此幼树必须注意控制生殖生长，注重营养生长，以培育足够大的树冠，这是发挥农大1号增产潜力的关键。提倡在植后头3年，注意疏花疏果，促进树冠和根系旺盛生长，为以后丰产打下良好的基础。

肥水管理：农大1号树体矮化、果实发育期短。为保证丰产稳产优质，必须加强肥水管理。幼树宜多次薄施以氮为主，氮、磷、钾结合的完全肥料。结果树在3月雌花分化的关键时期增施少量铵态氮肥或腐熟的有机质肥，以促进雌花的分化；7月上旬为幼果迅速膨大期，宜追施复合肥和钾肥；9月收果后，为改善树体的营养状况，重施果后肥，适量混施复合肥和有机质肥，喷施氮、磷为主的叶面肥，延长叶片的高光合效能，积累贮藏更多的营养物质。

四十、玫瑰红

1. 品种来历　1993年在湖北省罗田县胜利镇畈里边村发现了一株树龄约150年的实生板栗树，其结实性状优良，具有丰产、优质、抗逆性强等特点。1994年开始在罗田县嫁接繁殖；1998年进行复选，建立优株无性繁殖圃、品比试验园，对其生长发育、产量和品质进行对比试验；2000—2013 年在湖北罗田、麻城、英山、红安、京山、十堰、宜昌市夷陵区等地建立区域栽培试验并推广，其适应性和抗病虫性强，表现为果大，丰产稳产，耐贮藏，品质上乘；2013 年 9 月通过专家鉴定；2014 年 4 月通过湖北省林木品种审定委员会认定，命名为玫瑰红。

2. 品种特征特性 树冠圆头形，树势强健，4 年生树高达 2.80 m，冠径为 2.50 m×2.25 m，干周 21.4 cm；主枝分枝角 45°～60°，1 年生枝条紫红色，茸毛中多；多年生枝条深褐色，茸毛少。叶片长椭圆形，叶尖渐尖，叶缘钝锯齿。每结果母枝平均抽生结果枝 2.7 条，每结果枝平均着生 2.2 个总苞。总苞椭圆形，苞刺较短，斜生，单苞平均含 2.82 粒坚果。坚果椭圆形，底座大，接线近直形，平均单粒质量 19.61 g，属中型果。果皮深红色，光亮美观；果肉浅黄色，细糯香甜，涩皮易剥离。营养成分丰富，含淀粉 68.7%，总糖 10.3%，脂肪 1.8%，蛋白质 7.86%。耐贮藏，适宜炒食，商品性优。

在湖北大别山区 4 月上旬萌芽，5 月中旬出现雄花序，5 月下旬盛花期；雌花柱头在 5 月中旬出现，雌花授粉期在 5 月中旬至 6 月上旬，9 月初成熟，属中早熟品种。平均产量为 3 195 kg/hm^2。

3. 适栽地区及品种适应性 适宜在湖北省板栗主产区和安徽、河南等大别山板栗产区栽植。

4. 栽培技术要点及注意事项 栽植地宜选择 pH 5.5～7.2 的沙壤土或砾质壤土。坡地、山地定植密度（3～4）m×（4～6）m，平地、缓坡地（6～8）m×3 m。授粉品种可选乌壳栗等盛花期一致的品种。树形可选择自然开心形、小冠疏层形与变侧主干形。幼树夏季及时摘心，控制枝条生长，促发新枝。盛果期每平方米树冠投影面积保留 6～8 条结果母枝，每年施基肥 1 次。

四十一、乌壳栗

1. 品种来历　原产于广西平乐县同安乡老圩村。

2. 品种特征特性

植物学特征：树形大，树冠半圆球形至球形，枝条粗壮。球苞大，重达 90 g，椭圆形，每苞内含坚果 2.2 粒，坚果大形，平均单果重 19.9 g，大达 21.4 g，圆形，果肩平广，果顶平，果皮乌黑色，油亮，茸毛极少。

生物学特性：成年树长势强，新梢中结果枝占 35%，雄花枝占 41%，母枝连续抽生果枝率达 96%，每果枝着生球苞 2 个，雄花枝序数量较少，平均每果枝抽生 6.3 条，产量高，单株产量为 75～100 kg。出实率 50.2%，果肉含淀粉 67.5%、糖 13.2%。果肉细腻香甜，品质优良，耐贮藏，抗病能力强。

物候期：5 月下旬开花，果实在 9 月下旬成熟。

3. 适栽地区及品种适应性　适应性强，平原、山地均有栽培。

第七章
丹东栗与日本栗品种

一、优系 "9602"

1. 品种来历 1996 年秋在实生栗选系中，发现辽宁省宽甸县古楼子乡大蒲石河村一株 15 年生实生栗树刺苞大，坚果大，丰产性好，抗栗瘿蜂能力强。农家称为"长毛栗"。在多年实生栗资源选优中，筛选出丹东栗优良品系"9602"。

2. 品种特征特性 该树生长在同龄实生栗树中间，干高 42 cm，干周 55 cm，树高 7.2 m，冠径 2.8 m×6.5 m。1997 年大丰收的年景，株产 20.7 kg；1998 年为小年，株产 18.25 kg；1999 年株产 19.7 kg，其产量是邻近树产量的 2～3 倍。从 1996 年开始在 3 年生实生栗园中，用硬枝低接法，分年嫁接了 256 株，行株距 5 m×3 m。4 年的观察结果表明："9602"优系结果早、坚果大、早丰产等特性与母株相同。

植物学特征与生长结果习性：树姿开张，呈圆头形。枝条黑褐色，皮孔密生，圆形，灰白色，大小整齐混生。叶片浅绿色，长椭圆形，叶片长 15.84 cm，宽 6.10 cm，芒针直立。4 年生结果树外围枝平均长 40.4 cm，粗 0.57 cm，节间 1.95 cm。幼树生长旺，进入结果期长势缓和。以中长果枝结果为主。从第 7 节开始着生刺苞。结实率高，每条结果枝结 4 个刺苞的占 8%，3 个刺苞的占 44%，2 个刺苞的占 28%，1

个刺苞占 20％。坐果率为 88.5％。未发现空蓬现象。在一般栽培管理条件下，采用硬枝低接法，当年见果株率达 26％，第 2 年平均株产 1.78 kg，第 3 年平均株产 4.6 kg，第 4 年平均株产 6.7 kg，产量 4 422 kg/hm²。

果实特性：刺苞黄绿色，扁圆形，成熟开裂时为黄褐色，刺束长而密，针刺长 2.2 cm，种皮厚度为 0.12 cm。刺苞成熟开裂，坚果自然脱落。每个刺苞结 3 个坚果。坚果淡褐色，茸毛少，两边果为扁圆形，中间果实为肾形，底座比为 1/3，涩皮难剥离。果肉淡黄色，肉质细，味甜，稍有香气。坚果大，平均单果重 16.7 g（辽丹 58 为 11.1 g，辽丹 24 为 11.88 g），最大单粒重 28 g（辽丹 58 为 19.3 g，辽丹 24 为 17.8 g），每千克 56～60 粒。含糖量高，总糖为 24.8％（辽丹 56 为 24.0％，辽丹 24 为 21.7％），淀粉为 41.12％，蛋白质 4.5％，水分 57.2％。

物候期：在当地 4 月 28 日萌芽，5 月 8 日展叶，7 月 28 日新梢停长。雄花 6 月 15 日开花，雌花 6 月 20 日开花。果实 9 月 18 日至 26 日成熟，采收期为 9 天。10 月中旬开始落叶。

3. 适栽地区及品种适应性　"9602"优系耐瘠薄，在土层厚度 30 cm 的沙砾土栽培，仍获得理想产量。果梗粗壮，抗风能力强。母树曾遭遇 1997 年 11 号台风，未见落果。刺束长而密，抗食心虫危害。枝条抗栗瘿蜂能力强。据调查，母树无栗瘿蜂危害枝，而邻近同龄实生树为 26.6％；嫁接 4 年的 "9602"枝条被害率为 6.4％，而同园的辽丹 58 枝条被害率为 29.9％。

该优系适应于北纬 40.43°，1 月平均气温 −11 ℃以上，降水量在 800 mm 以上，pH 5.5～6.5 的丹东栗产区做经济栽培。

该优系在坚果重、丰产性、适应性、抗逆性等方面均好于以前选出的优系，为丹东栗栽培良种化提供了一个优良品系。

4. 栽培技术要点及注意事项 建园时可采用计划密植栽培，以提高前期的单位面积产量。行株距平地为 3 m×2.5 m，间伐后 6 m×5 m；山地行株距（4～5）m×2.4 m，间伐后为（4～5）m×5 m。

"9602" 品系虽能自花结实，但需配植授粉树。授粉品种以日本金华栗为好，配置比例为 8：1。疏果在生理落果后进行，长壮果枝留 3 个刺苞，中壮果枝留 2 个刺苞，中果枝留 1 个刺苞，细弱枝不留果。

采用疏散分居形整枝，树高 3～3.5 m，全树留 5 个主枝，分 2 层，层间距 1.2～1.5 m，下部 3 条主枝呈三角形排列，上部 2 条主枝插空排列，待上层主枝基角牢固后及时落头开心。幼树以轻剪为主，多疏少截，配合夏季摘心，增加枝量，扩大树冠。骨干枝的延长枝剪留 40 cm 左右，以增加结果枝的密度，细弱枝疏除，减少养分消耗，结果枝及时落头开心，解决光照。骨干枝延长枝弱的则留背上枝代头，强的则留背下枝代头以均衡树势。辅养枝去强留壮，控制结果部位外移。背上直立旺枝重短截后去强留壮，固定结果，疏除过密枝。结果枝组去强旺留中庸，及时去掉无效多年生枝，疏间过密的外围枝。

二、沙早 1 号

1. 品种来历 沙早 1 号是在普选过程中发现的一个丹东栗实生变异，母树位于桓仁县沙尖子镇干沟村。

2. 品种特征特性 树势中庸，树冠紧凑，树体矮小，树姿较开张。1 年生枝灰白色，皮孔较大，节间短，叶片较厚，深绿色，有光泽，腺点较明显。与丹东实生栗嫁接亲和性好，与中国实生栗嫁接亲和性较差。内膛枝结果能力强，结果母枝具有连续结果能力，每条母枝结苞五六个，每苞内有 3 个果实。雌花序多于雄花序。果实椭圆形，平均单果重 17 g，最大 33 g，属大型栗。成熟时果面紫红色，光亮美观，果肉黄白色，质地细糯，风味香甜，品质上，耐贮藏。在桓仁 4 月末萌芽，5 月上旬展叶，5 月下旬雄花开放，6 月中旬雌花开放，9 月初果实成熟，果实发育期 70 d 左右，10 月末落叶。

3. 适栽地区及品种适应性　该品种抗寒性强，在 1999—2000 年冬严重低温下，表现出极强的抗寒性，无任何冻害。实生栗树枝条也有不同程度的冻害。结果早、丰产、早熟、抗寒、抗病等优点，适宜于寒冷地区应用。

4. 栽培技术要点及注意事项　树形宜采用自然圆头形，株行距 3 m×4 m，结果树宜重剪，多疏枝，少短截，保留结果母枝 8～10 条/m²；每年秋季应施优质农家肥 45 000 kg/hm²，春季萌芽期追施一次速效性氮肥，以促进花芽分化。

三、大峰

1. 品种来历　辽宁省经济林研究所 1997 年引进的日本国实生选优板栗品种，2009 年 9 月通过辽宁省林木良种审定委员会审定（品种编号：辽-SV-CC-001-2009）。

2. 品种特征特性　该品种树姿较张开，树体冠幅较小，嫁接初期树势旺，结果枝粗壮；1 年生枝条皮色红褐，批孔较少；每母枝平均着生刺苞 1.6 个，次年抽生结果新枝 3.2 条，叶片浓绿，阔披针形；刺苞球形或椭圆形，黄绿色，成熟时一字形或十字形开裂，出实率 46.5%，每苞平均含坚果 2.8 粒；坚果圆三角形，红褐色，有光泽，底座大小中等，整齐度高，平均单粒重 20.7 g；肉色淡黄，含水量 63.0%，可溶性糖 17.3%，淀粉 54.2%，蛋白质 7.8%，每 100 g 果肉含维生素 C 25.7 mg。在辽宁南部地区 9 月下旬果实成熟。嫁接 3～5 年生平均株产 5.03 kg，平均冠影面积产量 1.34 kg/m²。

3. 适栽地区及品种适应性 该品种抗栗瘿蜂能力较强，抗寒性中等，适宜在年平均气温 8 ℃以上地区栽培。适宜在辽宁凤城、宽甸南部、东港、庄河、绥中、兴城等地栽培。

4. 栽培技术要点及注意事项 该品种不耐瘠薄，应选择土壤肥沃地块儿建园，并实施集约化栽培管理，修剪时应严格控制结果母枝留量。

四、辽栗 10 号

1. 品种来历 辽宁省经济林研究所以丹东栗为母本、日本栗为父本杂交育成。2002 年通过辽宁省林木良种审定委员会审定。

2. 品种特征特性 该品种树姿开张，枝干褐绿色，皮孔较大；叶片为披针状椭圆形，深绿色，有光泽。1 年生枝短截后能抽生结果枝，内膛枝结果能力较强。总苞椭圆形，十字形或丁字形开裂。坚果三角状卵圆形、褐色，果面光亮，涩皮较易剥离。果肉黄色，较甜，有香味；含可溶性糖 28.33%，淀粉 52.59%，粗蛋白 8.76%。总苞含坚果 2.4 粒，单果重 18.9 g。辽宁凤城市嫁接第 2 年，结果株率达 90% 以上，嫁接树 4～6 年生平均株产 5.3 kg，大砧高接 4～6 年生树，每公顷平均产量 4 372 kg。出实率 65.7%，每千克含坚果 53 粒。果实在 9 月下旬成熟。

3. 适栽地区及品种适应性 该品种适宜在年平均气温 7.7 ℃线以南，背风向阳、土层深厚、土壤 pH 5.5～6.5 的地区栽培，如辽宁省的凤城、东港、岫岩、庄河、绥中、兴城等地。适应性强，在土壤瘠薄的山地栽培也能获得较高的产量。

4. 栽培技术要点及注意事项 初植密度以 3 m×3 m、3 m×4 m、4 m×4 m 为宜。修剪中应充分利用母枝短截能结果的特性，前阻后拉培养内膛结果组，一般结果母枝留量为每平方米树冠投影 6～8 条，栽培中应加强肥水与病虫害防治管理。

五、丹泽

1. 品种来历 丹泽又名栗农林 1 号，是日本农林省农业技术研究所园艺部通过杂交育成的品种。亲本为乙宗×大正早生，极早熟品种。1959 年命名公布，是日本 20 世纪 50 年代选育的抗栗瘿蜂品种之一。

2. 品种特征特性 该品种树姿较开张，树势较强，发枝旺，树形为圆头形。叶片绿，富有光泽。总苞丰圆，出实率 42%。坚果个大，长三角形，均重 22.5 g，果皮深褐色，有光泽，果肉淡黄色。丰产稳产性强，该品种在土壤肥沃条件下特别早期丰产。3 年生树平均株产 2～3 kg，10% 株产 5 kg 左右，5 年生进入高产期，平均株产 10 kg 左右，大小年现象不明显。属早熟品种。坚果既可生食又可加工，果肉粉质，甜度中等。在山东省泰安市 4 月上旬萌芽，4 月下旬至 5 月上旬开雄花，雌花比雄花晚 10～15 d。果实成熟期为 8 月下旬。

3. 适栽地区及品种适应性 对栗疫病抗性较强，其缺点是有裂果现象。该品种是其他品种良好的授粉品种。适宜在山东省泰安等地区种植。

4. 栽培技术要点及注意事项 选择土层 60 cm 以上，肥力好，pH 5.7～6，四面采光良好，远离本地板栗的缓坡地种植。行距 5 m×4 m。栽植前 1 个月，挖穴深 80 cm，宽 80 cm，施足基肥。种植时，先将栗苗长 40 cm 以上的粗根进行修剪，然后挖开表土 20 cm 左右，将根系舒展浅种（根部不低于地表），抓住树干，向上轻拉，以利根系伸展，轻轻踏实表土，加盖表土至稍高于地面，并浇足定植水，此后根据天气干湿情况进行浇水，至第 10 天植株生长基本稳定时，即进行整形定干，枝干高度留 80 cm。盛果期结果过多的枝条发育不良，应注意短截壮枝，以培养预备枝。雨水过多时，溶于发生裂果现象。

六、高城

1. 品种来历 由朝鲜国家山林科学院育成，辽宁省经济林研究所 1997 年引进，2009 年 9 月通过辽宁省林木良种审定委员会审定（品种编号：辽-S-SV-CC-003-2009）。

2. 品种特征特性 该品种树体较大，树姿开张，1 年生枝条密生，皮色红褐，每母枝平均着生刺苞 2.0 个，次年生抽生结果新梢 2.7 条；叶片灰绿色，阔披针形，较大，叶缘上卷，呈船形；刺苞椭圆形，黄绿色，成熟时一字形或丁字形开裂，出实率 61.1%，每苞平均含坚果 2.8 粒；刺束较密；坚果高三角形，顶端不对称，红褐色，有光泽，底座大小中等，接线平滑，整齐度高，平均单粒重 20.1 g；果肉淡黄色，加工品质好，可溶性糖 17.3%，淀粉 56.0%，蛋白质 5.8%。在辽宁南部地区 9 月中下旬果实成熟。丰产、稳产，连续两年抽生结果枝达 23.9%，嫁接 3~5 年生平均株产 5.75 kg，平均树冠投影面积产量 1.04 kg/m²。

3. 适栽地区及品种适应性 抗栗瘿蜂能力和耐瘠薄性强。抗寒性中等，适宜在年平均气温 8 ℃以上地区栽培，如辽宁凤城、东港、庄河、绥中、兴城及以南地区。

4. 栽培技术要点及注意事项 该品种幼树枝势强，结果后迅速减弱，由于 1 年生枝密生，且结实性好，修剪时应严格控制结果母枝留量。

七、土 60 号

1. 品种来历 朝鲜栗。1989 年，辽宁省农业厅通过朝鲜农业委员会引进，并在辽宁省东部山区进行多点试栽，效果良好。

2. 品种特征特性　成龄栗树树冠圆头形，树姿开张，生长势强。坚果椭圆形，外果皮光亮，红褐色，绒毛极少，单果重 8~9 g，涩皮易剥离。在辽宁省丹东地区萌芽期为 4 月中旬，展叶期为 5 月上旬，雄花始花期为 6 月中旬，盛花期为 6 月中下旬，雌花始花期为 6 月中旬，盛花期为 6 月下旬，果实成熟期为 9 月下旬。通过对土 60 号连续 3 年的观测，每平方米树冠投影面积产量为 0.3~0.45 kg。

3. 适栽地区及品种适应性　适应性和抗栗瘿蜂能力较强。适宜种植区域为辽东（丹东、本溪）、辽南（大连、营口、辽阳）、辽西（葫芦岛、锦州）地区。其他地区如沈阳、抚顺、阜新、铁岭等可参照桓仁气候条件（冬季绝对低温－35.7 ℃，1 月平均气温－14.2 ℃，年平均气温 6.2 ℃）引种试栽。

4. 栽培技术要点及注意事项　加强肥水管理，深翻扩穴改土，增施有机肥，埋压绿肥，合理施用氮、磷、钾肥，其比例为 2∶1∶1。夏剪应以拉枝开角为主，因新梢生长较缓慢，木质坚硬，要进行摘心。由于该品种结果比例高，冬剪时应前阻后拉，轻剪前位母枝。初果期结果母枝留量为每平方米树冠投影 12 条左右，盛果期母枝留量应为每平方米树冠投影 8~10 条。

八、中日 1 号

1. 品种来历　1982 年进行人工杂交选育出的板栗新品种，其母本系江苏省主栽品种处暑红，父本系日本栗依吹和辽宁省自然杂种红石 1 号的混合花粉。共获 7 000 多株杂种实生苗，中日 1 号是从中选出的最理想原株，1995 年 11 月 28 日辽宁省专家评议定名，1996 年 5 月 7 日被评为辽宁省林业厅科技进步一等奖。

2. 品种特征特性　　中日 1 号与当前生产上推广的品种相比，3～5 年生嫁接树产量可提高 75％，成熟期提早 10 d 以上；与日本育出的抗栗瘿蜂品种丹泽、土 13 号栗相比，均达到高抗和免疫水平。中日 1 号原株自 1984 年定植于凤城市以来，除个别年份（栗瘿蜂大发生）偶见膛内个别细弱枝有瘿瘤外，绝少发现栗瘿蜂危害瘿瘤。本种在桓仁县、凤城市 6 个乡镇，133 hm² 树上嫁接，未发现植株上有瘿瘤产生。

3. 适栽地区及品种适应性　　中日一号具有早熟性、抗寒性强，在大连和凤城市 9 月中旬成熟，比当地其他品种早熟 10～15 d。适应在温度低的东北地区、华北地区及栗瘿蜂发生严重的地区栽培。

九、筑波

1. 品种来历　　筑波又名栗农林 3 号，是日本农林省农业技术研究所园艺部通过杂交育成的品种，亲本为岸根和芳养玉，1959 年命名登记。早熟品种，是日本选育的抗栗瘿蜂品种之一，现为日本主栽品种之一。

2. 品种特征特性　　筑波树姿较直立，树势较强。新梢较细长，叶片较薄，黄绿色，且呈披针形。树冠外观给人瘦弱感，似受旱状。但树体较矮化，是日本国内矮化密植的首选品种。该品种特别早实丰产，在肥沃土壤条件下，3 年生平均株产 3 kg 左右，4～5 年生株产 10 kg 左右，约 20％的树株产 20 kg 左右，无大小年，是日本栗中高产稳产性最强技术开发的品种之一。刺苞扁圆，苞壳较薄，出实率 45％以上。平均单粒重 23～25 g。坚果呈短三角形，果顶稍尖，果皮红褐色，有光泽。果肉淡栗色，粉质，甜度较大，香气浓郁，双子果少，耐贮藏，宜加工。在泰安 4 月上旬萌芽，5 月上旬开雄花，雌花比雄花晚出现半月。果实成熟期约在 9 月上旬。果实大，平均单粒重 20～25 g，最大可达 40 g。

3. 适栽地区及品种适应性　对土壤的适应性较强，也容易管理，是日本、韩国的主栽品种。在日本易受栗瘿蜂危害，对食叶害虫抗性较弱。

4. 栽培技术要点及注意事项　该品种应浅种，忌低洼积水，雨水过多会产生不正常落叶，甚至烂根枯死。

十、银寄

1. 品种来历　原产于日本大阪丰能郡，系偶发实生，来历不明，是日本和韩国有名的中晚熟代表性品种。

2. 品种特征特性　树姿为圆头状，较张开，树势强健，树冠高大。枝条节间短，生长量较大。发芽早，落叶晚。总苞扁椭圆形，出实率 43％～45％。坚果呈扁圆形，均重 25 g，果皮深褐色，光泽度好，果肉淡黄色、粉质，坚果内侧面稍弯曲，排列规整，甜度大，香气浓，品质优良。坚果不耐贮藏。该品种分枝力强，枝条匀称，树势强，树形成型快，适应性、抗病虫害能力较强。

在广东省清远市阳山县 2 月中旬萌芽，3 月上旬抽梢，4 月中旬开雄花，雌花约迟 15 d，11 月中旬开始落叶。一年抽 3 次枝，春梢 3 月上旬抽出，夏梢 5 月下旬抽出，早秋梢 7 月下旬抽出，果实 8 月中旬成熟。

3. 适栽地区及品种适应性　较耐瘠薄，适宜中等肥力的土壤。该品种几乎是各个品种的良好授粉树，抗栗瘿蜂能力强，在日本和韩国广泛种植。

4. 栽培技术要点及注意事项　该品种分枝量大，消耗水分、养分多，枝叶密集，透光差，幼龄树生理落果多，尤其是弱果枝落果严重，对栗疫病抗性较差，发芽早易受晚霜危害。

应增加水分养分供应量及供应次数，及时修剪徒长枝。

十一、国见

1. 品种来历　国见又名栗农林 5 号，是日本农林省园艺实验场于 1965 年通过杂交育成的品种，亲本为丹泽和石锤，1983 年命名登记。

2. 品种特征特性　该品种树姿较开张，树势中等。幼树新梢生长旺盛，但随树龄增长，树冠扩大较其他品种缓慢。成龄树树体偏小，适于密植。幼树生理落果少，丰产性类似丹泽。总苞扁椭圆形，出实率 40％～42％。坚果呈圆形或稍圆三角形，是近年来日本市场上最受欢迎的果形，均重 23～25 g，丰满，果皮褐色，有光泽，果肉淡黄色，粉质，甜度中等。双子果、裂果都很少。

在广东省阳山县 3 月下旬萌芽，4 月上旬抽梢，4 月中旬开雄花，雌花约迟 15 d，收获期为 8 月上旬。

3. 适栽地区及品种适应性　对栗瘿蜂抗性极强，也高抗栗疫病和桃蛀螟。但土壤肥力低下或管理粗放，易导致树势弱化、坚果变小。

4. 栽培技术要点及注意事项　该品种适应性能良好，忌低洼积水。在高温多湿地区，叶片易出现斑点病。

十二、利平栗

1. 品种来历　利平是日本岐阜县栗农从中国板栗与日本栗的自然杂交种中选出的。

2. 品种特征特性　树体较矮。树势较弱，新梢生长缓慢，分枝力较弱，节间短。叶色淡绿，有光泽。坚果扁圆形，均重 26 g，果皮黑褐色，有光泽，外观极美。果肉淡黄色，甜味浓，质地较硬，不适于加工。

在广东阳山县 3 月下旬萌芽，春梢 4 月上旬抽出，夏梢 5 月下旬抽出，秋梢 7 月下旬抽出，易产生 2 次花，并可 2 次挂果，第一次收获期为 8 月下旬，第二次收获期为 10 月中旬。

3. 适栽地区及品种适应性 抗寒能力较弱，可在我国北部栗产区栽培。

十三、晚赤

1. 品种来历 为日本茨城县栽培的古老品种，来历不明。

2. 品种特征特性 树势强健，树姿较直立，树冠高大，叶片特长，浓绿，平滑，有光泽。抗干旱，耐瘠薄，结果母枝抽生结果枝的能力强，少者 2～3 条，多者 5～6 条。生理落果少，刺苞丰圆，苞壳较薄，出实率 43%～45%。特大型果，整齐度高，平均单果重 30～35 g，有的多达 50 g 左右，无二级果。坚果扁圆形，底座特大，果皮深褐色，有光泽。果肉淡黄色，肉质粉质，无裂果现象，耐贮藏。在山东省日照市 10 月上旬进入成熟期，属日照市有上佳表现的晚熟代表性优良品种。

3. 适栽地区及品种适应性 该品种在日照市山丘地带综合优良性状非常突出，主要表现在抗风能力强，也抗栗疫病、栗瘿蜂、桃蛀螟和红蜘蛛等病虫害。无论树势强旺还是偏弱，均能丰产、优质。在不人工疏果的情况下，很少落果，丰产状异常醒目。

4. 栽培技术要点及注意事项 不适于密植，故幼龄期单位面积产量略低。

第八章
引种栽培的主要技术

一、砧木苗的培育

由于板栗枝条不易生根，扦插和压条均成活困难，砧木苗主要用播种繁殖，种子繁殖的实生砧木苗植株寿命长，抗逆性强，生长较快，繁殖方法简单。缺点是不能保持母株的优良性状，单株间差异大，进入结果期晚，需 6～10 年时间才开始结果，产量上升也较慢，最早在 8～12 年达到盛果年龄，产量低，品质不一致，影响商品价值。所以，板栗砧木苗必须嫁接优良品种。

1. 种子的贮备与萌发

（1）种子的贮备 板栗种子价格高，多数果农选漏筛的小粒栗做种子用。从播种当年苗木生长看，大粒种子萌发的砧木苗高度、径粗均大于小粒种子。种用栗应在头年秋季采收季节贮备。板栗种子通常需要 2 个月左右的低温休眠时间。南方栗在 0～5 ℃的低温下，1 个月后就有 50％左右的种子萌发；北方板栗需 2～3 个月才能萌发。用 3％的硫脲浸种，对解除板栗种子休眠有显著的作用。

为保存好种子，一般可贮存在低温的湿沙中进行沙藏，播种前取出做播种用。

（2）板栗种子萌发的条件

① 温度。经过休眠的种子在土温 4 ℃左右时即开始萌发，

15~20 ℃为最适温度。北京地区可在 3 月下旬至 4 月上旬播种，长江流域一带可在 3 月上旬播种。

② 水分。板栗种子的含水量在 45％以上，当种子含水量下降到 30％以下时，即失去发芽能力。所以，种子贮存时必须保持水分。播种前可用水浸法选种。沉于水下的种子，发芽率可达 90％以上，浮于水面的种子，发芽率往往在 70％以下。

③ 通气状况。板栗种子呼吸强度大，耗氧多。通气良好的土壤有利于种子萌发。而黏重板结的土壤不利于板栗种子的萌发。因此，板栗育苗苗圃地应选择土质偏沙性的土壤。

2. 播种 播种前应先挑选种子，去除霉烂、干瘪和有病虫害的种子。北京地区 3 月底 4 月初地温达 10~20 ℃时即可播种。苗圃地浇水可采用畦播，畦宽 1 m，长 10 m 左右。播种前施底肥，充分灌水。播种株距 10~15 cm，行距 30 cm 左右，开沟点播，种子应横卧，播种后覆土 3~4 cm 厚，覆土过厚幼苗不易出土。每公顷播种 1 050~1 500 kg，可出苗 9 000~150 000 株。苗圃地应选平坦、排水良好的沙质壤土，避免在低洼和盐碱地上育苗。出苗前，如不是过于干旱，可不灌水。板栗萌芽期较忌"埋头水"，播种浇水后为防止水分过分蒸发可覆盖地膜，保持土壤湿度，提高土温，有利于板栗种子的萌发和根系的生长。

直接育苗时，为防止鼠兽危害，可用药剂拌种或毒饵诱杀。用硫黄、草木灰拌种：种子 50 kg，硫黄粉 400 g，草木灰 1 kg，加上适量的黄土泥，把黄土泥加水打成泥浆，再把种子倒入泥浆，使种子表面沾上浆后，取出放到混有硫黄的草木灰中滚动，使种子表面沾上硫黄与草木灰。

3. 苗期管理 苗期管理首先要注意春旱，北方 4~6 月春旱季节可视土壤墒情灌水 2~3 次，最好在播种沟间开浇沟，顺沟浸灌。浸灌后松土保墒，栗苗怕水淹。所以苗圃地不可积水。

幼苗生长 1 个月后，种子内的养分已消耗尽。可于 6 月上旬和 8 月上旬追肥两次。每公顷约施化肥 75 kg，雨季追施或施肥后立即灌水。苗期施肥避免一次施入太多。

板栗虽为喜光的阳性树种，但性喜湿润，苗期尤怕干旱暴晒，苗期过分暴晒，水旱不均，易诱发立枯病。所以，前期应适当遮阳。地膜覆盖育苗时，5 月中旬后地温超过 25 ℃，可在膜上盖 2～3 cm 厚的土层，防止地温过高，并阻断阳光，闷死杂草。

北方地区，栗苗第 1 年冬季地上部分容易"抽条"即自上而下干枯，抽条主要是根系在冻土层内吸水困难，早春干旱大风，枝条水分蒸发量大，而供水量小，因而引起抽条。一般可灌冻水，使其根系充分吸收水分。在入冬前将幼苗弯倒埋压土内，第 2 年春天再去除防寒土。对直播的幼苗也可在秋后平茬，剪去地上部分，第 2 年春季伤口下萌发，选留生长旺的新梢，其余剪去，由于营养集中，幼苗生长苗壮，茎干挺直，生长量超过没有平茬的同龄苗。

板栗苗期应注意病虫害防治。主要虫害有金龟子、雨季后食叶害虫（如舟形毛虫）、刺蛾幼虫等。除金龟子外，敌百虫、敌敌畏、氧化乐果、马拉硫磷、毒死蜱等和菊酯类农药均能防治上述害虫。总之，幼苗期管理的重点是抚育保护，促使苗旺、苗壮，保护叶片，增强叶片光合能力，促进根系发育，使当年茎干基部粗 0.6 cm 以上，苗高 60 cm 以上。

二、引用接穗的处理与嫁接

1. 接穗贮藏 接穗的质量与嫁接成活率密切相关。嫁接成活率低很大程度上是接穗质量不好、贮藏不得法或嫁接后干枯死亡。枝接时应选择树冠外围发育充实的粗壮枝条做接穗。

接穗应预先采集并贮藏，已经萌动的接穗嫁接成活率低。采穗圃的接穗可在萌芽前1个月采集，进行封蜡。接穗的采集贮存也可以和板栗修剪结合起来。冬季修剪下的接穗按品种每100根1捆，贮存于低温保湿的窖内，窖内温度应低于5℃，湿度基本饱和，将接穗下半部用湿沙埋起来。若室内湿度不够，可把接穗全部用湿沙埋起来。没有低温保湿窖时可在土壤冻结前，在阴冷处挖贮存沟，进行接穗沙藏处理，春季及时取出。窖内冷凉，接穗可贮藏到5月下旬，只要接穗保存新鲜，不萌动，可随时取出嫁接和补接。

2. 接穗封蜡技术　接穗封蜡即在接穗上封一层均匀的石蜡，可以减少水分蒸发90％左右，保证接穗的生活力，封蜡后接穗不需要塑料包扎或埋土，减少了嫁接工序。封好蜡的接穗可直接用于嫁接，需再存放时应放回低温贮藏窖中。接穗封蜡是保证嫁接成活的关键之一。

3. 嫁接的关键

（1）*砧穗的形成层对齐*　嫁接成活的过程是砧木和接穗双方的愈合过程，无论采取什么样的嫁接方法，重要的砧木和削好的接穗在嫁接时形成层一定要对齐。形成层是植物体最活跃的部分，不断分裂产生新细胞，向内形成木质部细胞，向外形成韧皮部细胞。当形成层受到伤口刺激后，形成愈伤组织，砧木和接穗的连接主要是依靠双方的愈伤组织。嫁接一周后即可长出白色疏松的愈伤组织，15天后可使接合处的空隙填满，愈合后双方形成层联合，分裂产生新的木质部和韧皮部，从而嫁接成活。从嫁接到成活需15～30 d。

板栗枝条的解剖结构与其他的树种有明显的区别。板栗枝条的木质部有4～5条棱，呈齿轮形。嫁接时切口位置要避开棱，确保砧穗的形成层对齐。

（2）*接穗封蜡防止失水*　板栗砧木有根系，生命力强，而接穗因脱离了母体，在产生愈伤组织过程中消耗接穗本身的营养，只有待成活后才能从砧木得到养分。所以，接穗的新鲜程度是嫁接的前提。接穗封蜡是防止接穗失水、保持活力、提高成活的重要措施。

（3）操作快　板栗枝条单宁含量高，接穗和砧木伤口处单宁易氧化变褐，阻碍愈伤组织形成，影响嫁接成活率。所以，嫁接操作时动作要快，减少氧化速度。也可将削好的接穗放入水杯中防止氧化。

（4）密封接口　砧木与接穗形成层对齐后，用塑料条绑紧嫁接口，密封伤口，使伤口不露在空气中。板栗枝条伤口在空气中易被氧化变褐，形成一层氧化膜阻碍砧穗形成层的发育，从而降低成活率。此外，外露的嫁接口处也易感染栗疫病。

4. 嫁接时期　板栗嫁接因各地气候有差别，应以物候期为标准。板栗嫁接应在砧木萌动后进行，只要接穗没萌发，即使砧木已发芽也可嫁接。砧木萌动即标志树液流动，此时气温升高，形成层开始活动。嫁接后形成层分化，嫁接着成活率高。如果嫁接过早，温度低，则愈伤组织形成慢。从嫁接到成活持续时间长，若遇大风、干旱或连阴雨均会影响嫁接成活率。若嫁接时期过晚，则成活后接穗生长时间短，新梢不充实，可及时摘心促壮，避免冬季发生抽条与冻害。所以，春季枝接在砧木萌动到萌发展叶前进行较为适宜。北京地区春季嫁接时间一般在4月中下旬。

在南方栗区，除春季嫁接外，秋季也可枝接。湖南长沙地区在9月下旬到10月上旬秋接。秋季时气温高，空气干燥，接穗应妥善保存，最好随采接穗随嫁接。北方栗区由于冬季温度低，不进行秋季嫁接。

5. 嫁接方法　板栗木质化程度高，硬度大，板栗枝条木质部有4～5条明显的棱呈齿轮形，用一般芽接法不易成活，所以，板栗仍以春季枝接为主。

板栗枝接方法很多，河北、北京地区春季以插皮接为主，另外还可用劈接、切接等方法。

（1）**插皮接**　插皮接时砧木要粗于接穗。老树更新换优或较粗砧木嫁接时可用插皮接。插皮接嫁接时砧木皮应易剥离。将接穗下端削成 3～5 cm 深的马耳形削面上部深达木质部 1/2 处往下削平，插皮接的接穗削片应较薄，背面不削，可将背面下端头部削尖，以利于插入砧木形成层，接穗两侧树皮不光滑时可侧面轻轻削平。

用枝剪在砧木接口处剪平，若砧木过粗，则应先锯断，然后削平砧木面。在砧木树皮光滑的部位纵向切一刀，深入木质部，长 1～2 cm，而后将接穗插入纵切口的形成层处，砧木树皮向两边裂开紧包接穗。注意插皮时接穗勿插出砧木的形成层。当接穗插入砧木形成层后，接口上部的接穗露出伤口约 0.5 cm。插好后用宽 3～4 cm 的塑料条捆绑结实，同时将砧木和接穗切削的伤口全部包严，以防伤口水分蒸发和氧化褐变。

插皮接时一个接口插 1 个接穗，便于捆绑，大树更新换优可用多头高接，内膛光秃时还可辅以皮下腹接。

（2）**劈接法**　劈接常用于苗圃地小砧木，砧穗粗度相当。在接穗下端削 3～4 cm 的削面，背面削同长的削面，使接穗呈楔形。接穗的削面应光滑平整。在砧木离土面 5 cm 左右的光滑处剪断、剪平，未剪平时可用刀削平。用刀从砧木中间劈开，将接穗迅速插入劈口，砧木和接穗粗度不同时，注意使接穗的一边形成层与砧木形成层上下对齐，接穗伤口露出约 0.5 cm，用塑料条捆绑紧，将伤口包住。要求砧木和接穗不露伤口、不透风。封蜡的接穗嫁接后不必埋土堆。苗圃地嫁接可随削接穗随嫁接，也可先削一部分接穗泡于盛水的容器中，直接劈砧嫁接。粗大砧木劈接时可接两个接穗。

（3）**切接法**　砧木较粗，与接穗粗差较大时可用切接。接穗大削面 3 cm 左右，背面的削面 1 cm 左右，在砧木近切面平滑处剪断砧木，削平断面。于木质部的边缘向下直切，切口的长与宽和接穗的长面相对应。将接穗插入切口，大削面向里，并使砧木和接穗形成层对齐，将砧木切口的皮层包住接穗，然后绑缚。

（4）带木质部芽接 板栗枝条具有棱角，芽接较困难，但可用带木质部芽接。选接穗上饱满芽，削取长约 3 cm 下端渐尖的盾状芽片，取下芽片（与木质部芽片一起），在砧木平滑处横切一刀，深达木质部，再切一竖口呈"T"形。随即将芽片插入形成层，采用塑料布绑紧，芽外露。

6. 嫁接苗的管理 嫁接后的管理是项非常重要的工作，嫁接后管理的好坏，不仅影响嫁接成活率而且影响嫁接苗的生长发育。

（1）除萌蘖 由于嫁接处输导组织很不畅通，砧木的伤口周围及砧木上的芽易萌发，为避免萌蘖与接穗争夺养分，影响成活和苗木生长，应及时除去砧木上的一切萌蘖。除萌蘖一般进行 3～5 次。

（2）设防风柱和松捆绑 嫁接 1 个月后，新梢长到 30 cm时，就要把捆绑的塑料条松开，避免勒伤，而后再轻松绑上，待愈合牢固。与此同时，为保证新梢在生长过程中不被大风吹折，可设防风柱。支棍长度依嫁接位置高低而定。一般 1 个接口用 1 根支棍。把新梢轻轻绑在支棍上。随新梢生长可先后绑3～4 道绳。腹接成活的新梢可直接绑在砧木上。

（3）摘心 当新梢长到 30～50 cm 时应及时摘心。板栗新梢可连续摘心 1～2 次，由于板栗具早熟性芽，可萌发副梢。所以，摘心能促进二次枝发生，早成树形，使新梢充实。大树高接换优后，新梢摘心后长出的副梢，还可成为结果母枝。

（4）防治病虫害 春季萌芽后常有金龟子、象鼻虫等食叶害虫危害叶片，可喷洒敌百虫等药剂。接口处易发生栗疫病，可涂波尔多液等杀菌性药剂预防。

（5）肥水的管理 为促进嫁接苗生长发育，苗圃地育苗时应注意浇水施肥和中耕除草，有条件地区春季应浇水。在雨季可追肥促进生长，但应控制后期肥水，利用摘心促使枝充实健壮。

7. 优质嫁接苗的标准　①品种纯正，生长健壮，发育充实；②嫁接部位愈合良好；③苗高 80～100 cm，接口以上直径 1.0 cm；④根系多，侧根 5 条以上，长 20 cm 以上；⑤没有病虫害或机械损伤。

三、引种幼苗栽植与管理

1. 整地时间　北方春季是在 3 月下旬至 4 月中旬，秋季是在 10 月至 11 月上旬。南方春季是在 2 月下旬至 3 月下旬，秋季是在 11 月至 12 月上旬。

栗树根须主要分布在 30～60 cm 深的土层内。因此栗园整地的深度应在 70～80 cm。栽植坑的宽度应在 70～80 cm。

2. 栽植密度　北方地区每公顷栽植密度在 840～1 110 株（3 m×4 m 或 3 m×3 m）。南方地区栽植密度为每公顷 420～615 株，株行距 4 m×4 m 或 4 m×6 m。

3. 品种配置　一个板栗园的品种以 3～5 个品种为佳，一个品种要分布在一个小区。若栗园面积小，可设 2 个品种，每隔 10～20 行设一个品种，品种间界线要明显。品种的开花期与成熟期要求一致。

4. 栗苗栽植后管理　在北方地区要注意防寒工作。土壤上冻前，在苗木根颈部的北侧培一个隆起的小土包，将苗木躺卧在土包上，此时要避免苗木断裂，然后用土将苗木覆埋，最后轻轻地稍拍实。第二年春季土壤解冻后至萌芽前，挖出苗木并予以扶直即可。

栗苗成活后依据土壤墒情，有浇水条件的应在 3 月中旬至 4 月中旬浇水一次，无浇水条件可用杂灌草、秸秆或地膜在春季覆盖。同时要进行松土除草 2~3 次，在雨季可施肥一次。要加强病虫害防治。

北方栗产区年降水量平均 800 mm，且降水量分配不均，80%左右的降水集中在雨季，春旱是影响北方栗区苗木定植成活的限制因子之一。

在灌水条件限制的前提下，应注意充分利用降水，截流降水。另外注意采取保水抗旱措施。

（1）利用山地栗园径流灌溉　山地栗园多数浇水困难。除进行蓄水保墒处，可在树下挖沟蓄水，称"蓄水库"，利用雨季截留山地坡面径流，在树下水坑中蓄水。在山坡地形成一个个"小水库"。这样既省工又可使树下根系获得充足水分，以免雨水白白径流。也可在每株树边上挖取深 30~40 cm 深、长 50 cm、宽 30~40 cm 的沟，在沟内填些杂草或落叶，上覆一薄层土，也能使雨水截留下来，称为"一树一库"。

（2）间作　在幼龄栗园内进行间作可以提高板栗园栽培水平和土壤肥力；可以开展多种经营，增加农民收入；栗园间作矮秆作物，可以增加地表覆盖面积与厚度，加强防止地表径流的发生。

（3）覆盖保墒　覆盖物可以是农作物的秸秆、山草、树叶等，也可以用地膜。覆盖后可减小雨水的径流量，防止土壤冲刷并增加雨水的渗透，减少水分的蒸发量和保蓄土壤的水分；同时又有利于微生物活动，覆盖的秸秆腐烂后增加土壤的有机质含量，提高土壤肥力；秸秆覆盖能稳定温度，降低昼夜温差，降低夏季中午的土壤温度，在寒冷地区又能提高冬季的土温，有利于根系的发育。

除覆盖秸秆外，还可采用地膜覆盖保墒法。一般用厚度为 0.002~0.02 mm 的聚乙烯塑料薄膜，覆盖在幼树的树冠投影范围内，利用其透光性好、导热性差和不透气等特性，改善局部生态环境，促进栗树生长发育。

树下覆盖地膜最好在早春灌水后进行。覆膜可以有效地防止土壤水分蒸发，节省土壤水分，节省灌溉水 30%，提高表层土温 2～10 ℃。0～20 cm 土层内的土壤含水量比不覆膜的高出 3%～6%；而且土壤结构疏松，孔隙度大，土壤呈膨松状态。覆膜可促进根系的生长，改善了土壤环境。根系发达，根系数目多，吸收能力强，地上部分萌芽早，叶面积较大，光合作用效率高。树下覆膜还可结合间作物同时进行，并且可以提高间作物的产量。

四、板栗幼树的整形与修剪

1. 修剪方法　幼树修剪常用的方法有五种：

（1）短截　目的是促进分枝，增强树势，使树冠紧凑。短截的主要对象为一年生枝。它分轻短截，剪去新梢长度的 1/5～1/3；中短截，剪去新梢长度的 1/3～1/2；重短截即剪去新梢长度的 2/3～3/4。

（2）疏枝　目的是改善树冠内的光照和通风条件，提高产量。对象为细枝、弱枝、重叠枝、轮生枝、交叉枝等。

（3）回缩　对象是生长势弱，光秃严重的 2 年生枝或多年生枝。目的是促进大枝、多年生枝更新，控制结果部位向外生长的速度。

（4）缓放　目的是缓和枝干的生长势，促进板栗树提早结果。这种方法就是对一些延长枝不予修剪。

（5）拉枝　目的是减缓枝干的顶端优势，促使它早形成结果枝组。拉枝是对一些多年生枝干在春季时将枝干拉成水平状态，并用绳固定。

2. 幼树的整形修剪　板栗幼树修剪的主要目的是增加分枝，及早形成树冠、培养合理的树形和树体结构。

（1）夏季修剪

①定干。幼苗定植后，首先是定干。一般在山区、丘陵土

层浅、土质差的园地定干高度以 40～60 cm 为宜。平地、沟谷等土层厚、土质肥沃的园地可稍高，密植园栗树定干低于稀植园。定干时应在定干高度范围内选具有充实饱满芽处剪截。如苗木生长过高过强时，应事先在苗圃地通过夏季摘心进行定干，摘心后促生分枝，从中选出主枝。如定植的是实生苗，定植后采取就地嫁接的，可结合嫁接定干。

②除萌蘖。除嫁接成活萌发的枝叶外，砧木上的萌蘖要及时抹除，以免竞争养分和水分。对嫁接后未成活的树，除选留砧木上分枝角度、方位理想的旺盛萌蘖枝，来年再补接外，其余萌蘖一律去除。

③摘心。摘心一般是在新梢生长至 30 cm 左右时，摘除先端 3～5 cm 长的嫩梢，摘心后新梢先端 3～5 芽再次萌发生长。摘心处形成轮痕，轮痕以下 3～5 芽是第二次新梢萌发生长以前营养分配的中心，可形成数个大芽，结果早的品种甚至可以形成花芽。经过多次摘心后，各级枝的轮痕下 3～5 芽都有相同的特点。8 月中旬以后一般不再摘心，摘心后长的新梢大多不充实，以结果母枝的果前梢做接穗嫁接苗，应在雄花序段后有芽段出现后再进行摘心，避免摘到盲节段上。

（2）冬季修剪

① 主枝延长枝的选留。主枝延长枝的修剪主要涉及延长枝的选留数量、方位、方向、剪截长短等。主枝延长枝的修剪与树形结构关系密切。在板栗一生的生长中，主枝始终存在。所以，主枝的选留是树体骨架的关键。

开心形栗树主枝一般 3～5 条。各主枝应保持一定的间距，尽量避免顶端抽生的 3～5 条强旺枝同时作为骨干枝。随着树体的生长，分枝逐年增多，主枝的选留可以在 1～3 年内完成。选留的主枝要向外斜方向生长，不重叠，错落叉开，有利于通风透光。选定的主枝应在枝条 40～50 cm 的饱满芽处短截，促进主枝分枝。由于顶端优势，剪口下第一芽抽生出强壮的带头枝，向外延伸起扩展树冠的作用。主枝顶端的几个旺枝角度过小时，也可疏除中间过强枝，选留顶端 2～3 芽抽生的角度较大的缓势枝替代主枝延长枝。

选留的主枝延长枝要年年修剪，直到其达到要求的树冠大小。

② 徒长枝和辅养枝的修剪。在幼树修剪过程中，因修剪去枝量大，往往主干上的隐芽萌发出徒长枝。长势强旺、直立，对主枝造成影响并紊乱树形的徒长枝要及时疏除，长在光秃位置的徒长枝可以夏季连续摘心，促发分枝，使之转化为结果枝。

除树体的主枝以及主枝侧枝起骨干作用外，其余的枝均可作为辅养枝对待。辅养枝的主要作用辅助树体生长。同时，应尽快转化成结果枝结果。辅养枝修剪时疏除过密枝，重短截空间大的枝以免占据空间。

3. 结果初期幼树的修剪　嫁接 3～5 年后，树体生长势仍然偏旺，新梢生长量常在 50 cm 以上，大部分品种在这一龄期开始大量结果，进入盛果期。此期的生长季修剪以果前梢摘心为主，要在果前梢出现后，留 3～5 芽（根据枝势可灵活，枝势壮时可稍多）摘心，有二次新梢时可留 15～20 cm 再次摘心。一般第二次摘心时间较晚（7 月下旬至 8 月上旬），结果新梢生长势也已减弱，不再抽生分枝，但是可以促使分枝先端大芽发育充实。果前梢摘心还可以提高雌花质量，减少败育，提高结实率。

冬季修剪要特别注重抑制树冠中心直立枝的生长优势，去除直立影响开心树形的大枝，或用侧枝局部回缩修剪的方法，将生长势偏强的枝回缩至低级分级处。每年修剪时均需注意控制生长于中心的直立挡光旺枝，限制其生长，解决好内膛的光照，同时平衡树冠各枝的生长势。着生在同一分枝的结果母枝，数量一般为 4～7 条，生长期有差异，先端的枝生长势强，下面的枝生长势弱。此类枝处理时可重短截先端生长势强的1～3条至基部芽处，基部芽抽生的新梢为预备结果母枝。有些基部芽结果能力强的品种短截后仍可抽生相当比例的结果枝，如怀黄、怀九品种，短截后当年可抽生出1～3条结果枝结果。也可以将多条分枝以疏、截相结合，疏去交叉、向树冠内生长的枝条，重短截生长势强的结果母枝，其余枝留3～5个大芽轻短截，提高结实率。结果母枝的修剪原则是留基部芽重短截生长势强的母枝，使之成为预备结果母枝；疏除过弱结果母枝以节约养分；轻短截中庸结果母枝，提高结果率和增加单粒重。

五、引种日本栗的主要栽培要点

1. 砧木选用 砧木选与日本栗亲和性良好的丹东栗做砧木。丹东栗主要分布于我国辽宁丹东市的宽甸、东沟一带，可能是日本栗与中国栗的杂种，在遗传上属于日本栗的一个分支。上述基地在引进日本栗初期，曾用中国板栗的实生苗做砧木育苗，但遇到嫁接不亲和问题。后改用丹东栗的实生苗做砧木，育苗成功率大大提高。

2. 山地建园 日本栗建园时，首先要搞好灌溉配套工程，因为日本栗的抗旱力远不及中国北方的板栗。山地栽培时沿坡挖成宽1 m、深1 m的条带，或1 m见方的鱼鳞坑。坑底铺20 cm厚的枯枝烂叶或玉米（麦）秸，然后回填表土，坑中部与土壤混合施腐熟的土杂肥10 kg。以后随树体发育，每年冬季逐渐进行深翻扩穴，树盘进行覆草。根据天气和土壤肥水状况，在干旱时随时灌水。一般年份灌水5次，即新梢旺长期、幼果期、果实膨大期、果实采收后（结合秋施基肥）和落叶后各灌水1次。

3. 整形修剪 由于日本栗生长旺盛，喜光性强，一般采用小冠疏层树形。主干高 60 cm，基部留三大主枝，上部中心干留几条小的分枝。要注意控制中心干生长，防止上强，必要时进行开心，使之成为扁圆形。幼树新梢生长量大，果前梢长，花芽多，修剪时应短截，使每结果母枝保留 3~4 条结果枝。盛果期树每平方米树冠投影面积保留结果母枝 7 条，幼树为 10~12 条，使其产量保持在 0.75~1 kg/m^2。

4. 采收 生产日本栗要特别注重质量，一定要在充分成熟后采收。采用拣拾和收打相结合的方法。收后立即进行洗果、选果、分级、包装，进入冷库，然后采用集装箱冷藏运往日本或韩国。栗实按直径大小分为 5 级：1 级 4.0 cm 以上，2 级 3.5~4.0 cm，3 级 3.2~3.5 cm，4 级 2.9~3.2 cm，5 级 2.6~2.9 cm。栗实直径 2.6 cm 以下的留种育苗。

第九章
与引种关系密切的主要病虫害及防治

一、主要病害

1. 栗疫病 栗疫病又称胴枯病，大部分栗产区均有发生。有些地区新嫁接的幼树发病很重，常引起树皮腐烂，直至全株死亡。为检疫性病害，引种苗木或接穗时尤其要注意。

【症状】

栗疫病主要危害主干、主枝，少数在枝梢上引起枝枯。初发病时，在树皮上出现红褐色病斑，组织松软，稍隆起，有时自病斑流出黄褐色汁液。撕开树皮，可见内部组织呈红褐色水渍状腐烂，有酒糟味。发病中后期，病部失水，干缩下陷，并在树皮底下产生黑色瘤状小粒点。雨季或潮湿时，涌出橙黄色的黄色卷须状的孢子角。最后病皮干缩开裂，并在病斑周围产生愈伤组织。

幼树常在树干基部发病，造成枯死，下部产生愈伤组织，大树的主枝或基部也可发病。

【发病规律】

病菌以菌丝体及分生孢子器在病枝中越冬。第二年春季气温回升后，病菌开始活动。3～4月病菌扩展最快，常在短期内造成枝干的死亡。5月以后，出现孢子角，病菌孢子主要借风雨传播，主要从伤口侵入。

【发病条件】

（1）伤口　病菌主要从伤口侵入，如嫁接口、冻伤、剪锯口、机械伤口、虫口等。伤口的多少和树体的愈合能力对发病的影响最大。

（2）冻害　受冻的栗树易感病，冻害能加重病情。秋冬干燥、冬季低温、树干向阳面气温变化大等都易发生疫病。

（3）品种　栗属植物中美洲栗抗疫病能力最差，中国板栗最抗病。在中国板栗中，陕西的明栗、长安栗，燕山地区的北峪 2 号、兴隆城 9 号抗病性较强，红栗、二露栗、油光栗、领口大栗和无花栗发病较轻，半花栗、薄皮栗、兰溪锥栗、新抗迟栗等抗病性弱。

（4）管理　栗疫的发生与栗园的管理水平及树势有密切关系。在密植条件下，树冠易郁闭，树上枯枝增多，造成树势衰弱，凡树势衰弱的树抗病能力差，发病严重。

【防治方法】

（1）增强树势　通过合理的土肥水管理，增强树势，可提高树体的愈伤能力和提高树体的抗病能力。

（2）加强树体保护　对嫁接口和伤口要及时给予保护，用含有杀菌剂的药泥涂伤口，对嫁接口还要外包塑料布条保护。注意尽量减少造成伤口，减少侵染部位。冻害发生的地区可进行树干涂白保护。

（3）选择无毒苗木和抗病品种　病害可通过苗木进行远途传播，调运苗木时注意对苗木检疫，严格淘汰病苗。

（4）病斑治疗　及时处理病枝干，清除病死的枝条。治疗病斑，刮治的基本方法是用快刀将病变组织及带菌组织彻底刮除，刮后必须及时涂抹 41% 乙蒜素乳油 100～200 倍液或涂波尔多液保护伤口。发病初期喷洒 68% 精甲霜·锰锌水分散粒剂 600 倍液或 50% 氯溴异氰尿酸可溶性粉剂 1 000 倍液、50% 氟吗·乙铝可湿性粉剂 600 倍液、56% 嘧菌·百菌清悬浮剂

700 倍液。

2. 板栗细枝溃疡病　板栗细枝溃疡病又名白点胴枯病，日本自 1951 年发现该病后，现已遍及日本各地。1988 年前，安徽省尚无此病记载，但于 20 世纪 90 年代末，在皖东某板栗采穗圃首先检查到。目前太湖、金寨等县均有其分布。病害在板栗枝条及幼嫩茎干上发生，轻者皮层破裂，重则病部以上枯死，是板栗生产上的重要病害之一。

【症状】

病害的症状是病菌侵染小枝和较幼嫩的茎干后，危害其皮层，病部的树皮变褐色，稍凹陷，进入夏季树皮破裂，露出许多淡黄色或灰白色的小突起，大小为 2~3 mm，在病树皮上呈鲨鱼皮状。空气湿度大时，从突起的颗粒状物内涌挤出淡黄白色至淡黄色、黏稠的卷须状分生孢子角。值得注意的是本病与栗疫病不同之处，即在病树皮下不形成扇形菌丝体。若环境条件有利于病害发展，病斑发展往往把枝条和幼干包围起来，病部以上的枝干便枯死；如栗树生长势旺盛，则病斑常呈纵向扩展，而愈伤组织往往在病处形成保护性结构，使病树不致死亡，但同时自病树干的近地表处长出许多不定芽。另外，据美国著名的植物病理学家 P. 庇隆的介绍，对栗疫病非常抗病的品种，对细枝溃疡病可能是高度感病的。

【病原】

该病的病原是 *Fusicoccum castaneum* Sacc.，是隶属于半知菌亚门（Deuleromucolina）腔孢纲（Coelomycetes）球壳孢目（Sphaerosidales）球壳孢科（Sphaeropsidales）壳棱孢属（*Fusicoccum*）的真菌。据多年观察的结果，病菌以分生孢子器在病组织内越冬。翌年 4 月下旬到 5 月上旬，分生孢子器突破寄主表皮，借助风雨传播分生孢子，从皮孔、伤口侵入。病害的发生与冻害、日灼及干旱等诱因有关，是典型的以寄主为主导的病害。生长势衰弱的栗树极易诱发该病。

【防治方法】

具体防治方法如下：①注意对栗园的水肥管理，增强植株的生长势，尤以板栗采收后给栗树施些磷肥、覆土，浇一次透水或植株休眠时埋些草，再覆些土。注意对树蔸培土的厚度一般为 15～30 cm。②预防冻害和干旱，不在风口栽植栗树，发现有溃疡斑时要刮治伤口，涂抹石硫合剂或甲基硫菌灵等药剂。

3. 黑斑干枯病　该病在皖西少数县境内发现，危害 5 年生左右的栗树，染病植株 1～2 年之内枯死，对板栗生产影响很大，并有进一步扩展的趋势。

【症状】

病害在植株距地表 1.0～1.5 m 的树干上发生，特别是近干基的 10～30 cm 干部易遭侵染，自梅雨季节一直延续危害到秋季。主干、干基受害，从病部分泌出一滴一滴黑色焦油状汁液，并散发出恶臭，此乃该病特征。黑色汁液是树体流出的汁液经空气氧化变黑之物质。如掀起树皮，可见形成层水渍状并软化，往后病状加深变成黑褐色，且向木质部侵入，病斑由于老化干枯塌陷，树皮常常发生龟裂。当病斑绕树干后一圈时，则病树枯死，那时树叶变黄，继而萎蔫脱落。枝梢有时染病，病斑表皮变褐，干燥后产生皱纹，病处以上枝梢死后变灰色，呈僵化状。

【发病条件】

病菌发育温度范围为 10～20 ℃，适宜温度在 20～27 ℃，在较广的 pH 范围内均能发育。本病由病原菌在病组织内越冬，如环境中温度适合，病部就重新发育，病斑扩大。卵孢子在土中可以存活，遇到 18 ℃左右的温度和充足水分，就萌发形成游动孢子囊，以后产生的游动孢子在水中游动或经雨水溅飞至树干等伤口导致侵染发病。大多发生在 5 年生左右的栗树上，随着树皮龟裂增多，蛀干害虫的蛀孔相应增多，有利于病菌侵染。人为伤口接种易发病。徒长的植株也易发病。

【防治方法】

防治方法有以下几点：①应尽量避免引致发病的诱因，控制栗树徒长，避免栗园渍水，合理密植，减少人为伤口等，只要控制好栗园不渍水，病害就难以发生和发展。②在栗树干基涂抹石灰乳或兼有防治病虫的白涂剂。发现病部即刻刮治，伤口涂抹防腐剂。③每年 5～7 月间，喷洒 1：1：（25～50）波尔多液或代森锌 100 倍液，每月 1 次，均匀喷洒患部，可降低发病。

4. 栗炭疽病 栗炭疽病是栗果实的重要病害。该病引起栗蓬早期脱落和贮藏期种仁腐烂，不能食用。我国各栗产区均有发生，受害严重时栗果实发病率常在 10% 以上。

【症状】

该病危害果实，也危害新梢和叶片。一般进入 8 月以后栗蓬上的部分蓬刺和基部的蓬壳开始变成黑褐色，并逐渐扩大，至收获期全部栗蓬变成黑褐色。栗果实发病比栗蓬晚，多从果实的顶端开始，也有的从侧面或底部开始，感病部位果皮变黑，常附白色菌丝。病菌侵入果仁后，种仁变暗褐色，随着症状的发展，种仁干腐，不能食用。

【发病规律】

病菌以菌丝或子座在树上的枝干上越冬，其中以潜伏在芽鳞中越冬量最多。落地的病栗蓬上的病菌基本上不能越冬，不能成为第二年的侵染来源。枝干上越冬的病菌在第二年条件适合时，产生分生孢子，借助风雨传播到附近栗蓬上，引起发病。病菌从落花后不久的幼果期即开始侵染栗蓬，但只有在生长后期病害症状才进展较快。病菌还能在花期经柱头侵入，造成栗蓬和种仁在 8 月以后发病。

发病轻重与品种有关。老龄树、密植园、肥料不足以及根部和树干受伤害所致的衰弱树发病重。树上枯枝、枯叶多和栗瘿蜂危害重的树往往发病也重。栗蓬形成期潮湿多雨有利于发病。

【防治方法】

① 保持栗树通风透光，剪除过密枝和干枯枝。

② 加强土壤管理，适当施肥，增强树势，提高树体抗病力。

③ 发病重的栗园和夏季多雨的年份，在 7～8 月往树上喷洒 50％苯菌灵可湿性粉剂 2 500 倍液，或 70％代森锰锌可湿性粉剂 600～800 倍液，50％多菌灵可湿性粉剂 600～800 倍液，共喷 3 次左右。

5. 栗种仁斑点病 栗种仁斑点病又称栗种仁干腐病、栗黑斑病。病栗果在收获时与好栗果没有明显异常，而贮运期间在栗种仁上形成小斑点，引起变质、腐烂，所以，栗种仁斑点病是板栗采后的重要病害。

【症状】

栗种仁斑点病分为三种类型：①黑斑型。种皮外观基本正常，种仁表面产生不规则状的黑褐色至灰褐色病斑，深达种仁内部，病斑剖面有灰白色至赤黑色条状空洞。②褐斑型。种仁表面有深浅不一的褐色坏死斑，深达种仁内部，种仁剖面呈白色、淡褐色、黄褐色，内有灰白色至灰黑色条状空洞。③腐烂型。种仁变成褐色至黑色软腐或干腐。

【发病规律】

病原菌在枝干上病斑上越冬，病菌孢子借助风雨传播，侵染果实。病害在板栗近成熟时开始发病，成熟至采收期病果粒稍有增多，常温下沙贮和运销过程中，病情迅速加重。老树、弱树、通风不良树、病虫害和机械伤害严重树发病重。

【防治方法】

① 加强栽培管理，增强树势，提高树体抗病能力，减少树上枝干发病。

② 及时刮除树上干腐病斑，剪除病枯枝，减少病菌侵入染。

③ 采收时，减少栗果机械损伤。用 7.5％盐水漂洗果实，除去漂浮的病果。

二、主要虫害

1. 栗瘿蜂 栗瘿蜂在我国各栗产区几乎都有分布。发生严重的年份受害株率可达 100％，是影响板栗生产的主要害虫之一。

【危害状】

以幼虫危害芽和叶片，形成各种各样的虫瘿。被害芽不能长出枝条，直接膨大形成虫瘿的为枝瘿。虫瘿呈球状或不规则形，在虫瘿上长出畸形小叶。在叶片主脉上形成的虫瘿为叶瘿。虫瘿呈绿色或紫红色，到秋季变成枯黄色。自然干枯的虫瘿在一两年内不会脱落。栗树受害严重时，虫瘿比比皆是，很少长出新梢，不能结实，树势衰弱，枝条枯死。

【发生规律和习性】

栗瘿蜂 1 年发生 1 代，以初孵幼虫在被害芽内越冬。第二年栗芽萌动时开始取食危害，被害芽不能长出枝条而逐渐膨大形成坚硬的木质化虫瘿。幼虫在虫瘿内做虫室，继续取食危害，老熟后即在室化蛹。在长城沿线的燕山栗产区，越冬幼虫从 4 月中旬开始活动，并迅速生长，5 月初形成虫瘿，5 月下旬至 7 月上旬为蛹期，6 月上旬至 7 月中旬为成虫羽化期。成虫羽化后在虫瘿内停留 10 d 左右，然后咬一圆孔从虫瘿钻出，成虫出瘿期在 7 月中旬至 7 月底。成虫出瘿后即可产卵。卵期 15 d，幼虫孵化后即在芽内危害，于 9 月中旬进入越冬状态。

栗瘿蜂的发生主要受寄生蜂的影响。栗瘿蜂大发生都持续 2~3 代，此后便很少发生。主要是因为，在栗瘿蜂发生的当年，寄生蜂有了丰富的寄主而得以繁殖，第二年寄生蜂就有了一定的种群，第三年基本上就可以控制栗瘿蜂的危害。寄生蜂的种类有 30 多种，寄生蜂的发生与栗瘿蜂的发生是同步的。如中华长尾小蜂 1 年发生 1 代，以成熟幼虫在栗瘿蜂虫瘿内越冬。成虫于 4 月下旬至 5 月上旬羽化，寄生蜂幼虫孵化后取食栗瘿蜂幼虫，不久将之取食一空。幼虫老熟后在虫瘿内越冬越夏。所以，在秋季虫瘿中的幼虫是寄生蜂的幼虫，而不是栗瘿蜂的幼虫。

【防治方法】

（1）人工防治和农业防治　①剪除病枝。剪除虫瘿周围的无效枝，尤其是树冠中部的无效枝，能消灭其中的幼虫。②剪除虫瘿。在新虫瘿形成期，及时剪除虫瘿，消灭其中的幼虫。剪虫瘿的时间越早越好。

（2）生物防治　保护和利用寄生蜂是防治栗瘿蜂的最好办法。保护的方法是在寄生蜂发生期不喷任何化学药剂。

（3）药剂防治　①在栗瘿蜂成虫发生期，喷洒 50％杀螟松乳油、80％敌敌畏乳油或 20％氰戊菊酯乳油，均为 1 500 倍液；或 40％乐果乳油 800 倍液。②在春季幼虫开始活动时，用 40％乐果乳油 2～5 倍液涂树干，或用 50％磷胺乳油涂树干，每树用药 20 mL，涂药后包扎。利用药剂的内吸作用杀死栗瘿蜂幼虫。

2. 栗象鼻虫　栗象鼻虫在我国各板栗产区都有分布。主要危害栗属植物，还有榛、栎等植物。以幼虫危害栗实，发生严重时，栗实被害率可达 80％，是危害板栗的一种主要害虫。引种板栗种子时更要注意象鼻虫的防治。

【危害状】

幼虫在栗实内取食，形成较大的坑道，内部充满虫粪。被害栗实易霉烂变质，失去发芽能力和食用价值。老熟幼虫脱果后留下圆形脱果孔。

【发生规律和习性】

象鼻虫以老熟幼虫在土室中越冬。于6月下旬在土室外化蛹，当新梢停止生长、雌花开始脱落时进入化蛹盛期，雄花大量脱落时为成虫羽化期。8月栗球苞迅速膨大期为成虫羽化盛期。成虫白天在树上取食，有假死性，夜间不活动。雌成虫在果蒂附近咬一小产卵孔，深达种仁，产卵于其中。幼虫孵化后蛀入种仁取食。取食20余d后脱果，脱果幼虫入土，一般深6~10 cm范围。

【防治方法】

（1）栽培抗虫高产优质品种　大型栗苞，苞刺密而长，质地坚硬，苞壳厚的品种抗虫性强。

（2）农业防治　实行集约化栽培，加强栽培管理，集中烧掉或深埋、消灭幼虫。还可利用成虫的假死性，在发生期振树，捕杀落地的成虫。

（3）温水浸种　将新采收的栗果于50 ℃热水中浸泡30 min，或在90 ℃热水中浸10~30 s，杀虫率可达90%以上。处理后的栗果，晾干表面水后即可沙藏，不影响栗实发芽。在处理时应掌握水温和时间，避免烫伤。

（4）药剂熏蒸　将新脱粒下的栗果在密闭条件下熏蒸。①溴甲烷。每立方米栗果用药量为60 g，处理4 h。②二硫化碳。每立方米使用30 mL，处理20 h。③56%磷化铝片剂。每立方米栗苞用药21 g，每立方米栗果用量为18 g，处理24 h。

（5）药剂处理土壤　在虫口密度大的果园，栗苞迅速膨大期时正值成虫出土期，此时在地面上喷洒5%辛硫磷粉剂防治害虫。喷药后用铁耙将药土混匀。在土质的堆栗场上，脱粒结束后用同样药剂处理土壤，杀死其中的幼虫。

（6）药剂防治　在大量雄花脱落时的成虫发生期，往树上喷10%氯菊酯乳油1 000~1 500倍液，或40%乐果乳油1 000

倍液，50％敌敌畏乳油 800 倍液，90％敌百虫晶体 1 000 倍液，消灭成虫效果都很好。

3. 栗子小卷蛾　栗子小卷蛾又叫栗实蛾、栎实卷叶蛾。分布于我国东北、西北、华东等板栗产区。寄主有栗、栎、核桃、榛等植物，以板栗受害最重。以幼虫蛀食栗苞和坚果。

【危害状】

小幼虫在栗蓬内蛀食，稍大后蛀入坚果危害。被害果外堆有白色或褐色颗粒状虫粪。幼虫老熟后在果上咬一不规则脱果孔脱果。

【发生规律和习性】

栗小卷蛾 1 年 1 代，以老熟幼虫在栗蓬或落叶层内结茧越冬。7 月上中旬出现成虫，中下旬为成虫羽化期和产卵期。成虫白天静伏，傍晚活动，并在栗蓬附近的叶背面或果柄基部产卵，有时产在蓬刺上，7 月下旬初孵化的幼虫先蛀食蓬壁，9 月大量蛀入坚果危害。9 月下旬至 10 月上中旬栗实成熟后老熟幼虫脱果，潜入落叶层、浅土层、石块下等隐蔽处越冬。果实采收时尚未脱果的幼虫，随栗蓬一起带到堆蓬场所，幼虫继续在果实内危害，直到老熟后才脱果，寻找适当的场所越冬。

【防治方法】

（1）人工防治　①栗树落叶后清扫栗园，将枯枝落叶集中烧毁或深埋树下，消灭越冬幼虫。②在堆栗场上铺蓬布或塑料布，待栗实取走后将幼虫集中消灭，或用药剂处理堆栗场。

（2）药剂防治　在成虫产卵盛期至幼虫孵化后蛀果前（约 7 月中下旬）喷药防治。常用药剂有：50％杀螟松乳油 1 000 倍液，25％亚胺硫磷乳油 1 000 倍液，50％敌敌畏乳油 1 000 倍液。

（3）生物防治　用赤眼蜂防治，每公顷放赤眼蜂 450 万头。

4. 桃蛀螟　桃蛀螟在我国大部分栗产区均有分布，以长江流域和华北地区发生较重，寄主除板栗外，还有桃、李、杏、梨、苹果、柿、山楂等果树和其他农作物，是一种多食性害虫。以幼虫危害板栗总苞和坚果。栗蓬受害率为 10% ～ 30%，严重时可达 50%，是危害板栗的一种主要害虫。

【危害状】

被害栗蓬苞刺干枯，易脱落。被害果被食空，充满虫粪，并有丝状物相粘连。

【发生规律和习性】

桃蛀螟在各地的发生代数不同，陕西、山东 2 年 2～3 代，在河南及江苏南京市 1 年 4 代。以老熟幼虫越冬，越冬场所比较复杂，有板栗堆果场、贮藏库、树干缝隙、落地栗蓬、坚果等处，还有玉米秸秆、向日葵花盘等。在山东泰安，越冬代成虫发生期为 5 月上旬至 6 月上旬，成虫傍晚后活动，喜食花蜜，有趋光性，对糖醋液有趋性。越冬代成虫多产卵于桃、李等果实上，幼虫危害果实。在山东，第一代成虫发生期在 8 月上旬至 9 月下旬，产卵于玉米、向日葵和早熟板栗上；第二代成虫产卵于板栗总苞上，幼虫危害总苞和坚果，以危害总苞为主。在南京，第一、二代成虫产卵于玉米、向日葵上，第三代成虫发生在 9 月上旬至 10 月下旬，产卵于板栗总苞上。在板栗采收后堆积期，幼虫大量蛀入坚果危害。幼虫老熟后寻找适当的场所越冬。

【防治方法】

（1）人工防治和农业防治　①果实采收后及时脱粒，防止幼虫蛀入坚果。②在栗园零散种植向日葵、玉米等作物，诱集成虫产卵，专门在这些作物上喷药防治或将这些作物收割后集中烧毁。③清扫栗园，将枯枝落叶收集后烧毁或深埋入土。

（2）采实熏蒸　参照栗象鼻虫的防治部分。

（3）药剂防治　可利用桃蛀螟性信息激素做成诱捕器，在成虫发生期集中诱集成虫，以预测产卵高峰期和幼虫孵化期，在成虫产卵高峰期和幼虫孵化期喷药。常用药剂有 50％杀螟松乳油 1 000 倍液，40％乐果乳油或 50％敌敌畏乳油 1 000 倍液，还可试用菊酯类农药喷用。

（4）性信息激素迷向　利用人工合成的桃蛀螟性信息素（有成品出售）迷惑雄成虫，使失去交尾能力，从而减少雌成虫产有效卵。每公顷每次投放量 0.315 g，成虫迷向率85.4％，虫果率相对下降 74.89％。

（5）诱杀　因成虫有趋光性，可用黑光灯诱杀。黑光灯每50～100 m 设置 1 个，黑光灯下放洗衣粉水盆。用糖醋液诱集时，糖、醋、酒、水的配比为（1～2）：（1～4）：1：16。

5. 尺蠖　尺蠖分布于我国华北等地，寄主有栗、枣、苹果等。

【**危害状**】

尺蠖以幼虫取食叶片，危害严重时将叶片食光，仅存叶脉，对树势和栗果产量、质量均有影响。

【**发生规律和习性**】

尺蠖 1 年发生 1 代，以蛹在距树干 20 cm 的地表下面 5～10 cm 深土中越冬。雌成虫羽化期在 4 月上旬至 4 月中旬末期。成虫羽化后静伏于树干基部，20 min 后缓缓爬至树干。雄虫有趋光性。卵多产于枝条、树干缝隙或树洞里，块产。幼虫共 5龄，幼虫夜间取食叶片，危害严重时将叶片食尽，仅留叶脉。

【**防治方法**】

（1）人工防治　成虫羽化（雌成虫羽化期在 4 月上中旬）前在树干周围 50 cm 范围内结合翻树盘挖蛹。幼虫发生期摇树振落捕杀幼虫，园内放养鸡、鸭啄食幼虫。

（2）药剂防治　在幼虫 2 龄前往树上喷洒 50％辛硫磷乳油 2 000 倍液，90％敌百虫晶体 1 000 倍液，2.5％溴氰菊酯乳油 2 500～3 000 倍液。

（3）生物防治　可利用尺蠖的天敌寄生蝇和寄生蜂防治。

也可在幼虫期喷每毫升含 1 亿孢子的苏云金杆菌或喷青虫菌 6 号悬浮剂，对幼虫有很好的防治效果。

6. 栎毒蛾 栎毒蛾又称苹果大毒蛾。我国大部分地区有分布，寄主有栗、栎、李、杏、苹果、梨等。1988—1989 年在河北迁西大发生，造成严重危害。

【危害状】

栎毒蛾以幼虫食害芽、嫩叶和叶片，将叶片食成缺刻，重者吃光，影响板栗产量，甚至造成绝产。

【发生规律和习性】

栎毒蛾在东北、华北 1 年 1 代，以卵在树皮缝、伤疤、树干阴面等处越冬。春季 5 月越冬卵孵化，幼虫孵化后群集于卵壳附近取食，3 龄后取食危害。7 月下旬至 8 月上旬成虫羽化。雌虫白天不活动，雄虫白天在树荫下飞舞。成虫有趋光性。雌蛾产卵于阴面，块产。卵孵化率达 98％。

【防治方法】

（1）人工防治 春季越冬卵孵化前刮除枝干上的卵块，集中烧毁。

（2）药剂防治 在 5 月中旬栗树雄花显现期，此期正值幼虫 1～2 龄期，对药剂敏感，进行药剂涂干。涂干药剂为 40％氧化乐果乳油 5 倍液，涂药后用塑料布包扎。该方法简便、经济，对天敌安全。

（3）喷药防治 在幼虫发生盛期往树上喷洒 25％灭幼脲 3 号胶悬浮液或 25％苏脲 1 号胶悬浮剂 1 000～1 500 倍液，青虫菌 6 号悬浮剂 1 000 倍液，90％敌百虫晶体 1 500 倍液，对幼虫均有较好的防治效果。

7. 舞毒蛾 舞毒蛾又叫秋千毛虫，分布非常广泛，食性很杂，寄主 500 余种。

【危害状】

以幼虫食害叶片和雄花，受害叶片被食成缺刻或孔洞，暴发时成片栗叶片被食光。

【发生规律和习性】

舞毒蛾在我国各地1年1代，以卵在树干背面、梯田壁、石块及缝隙等处越冬。在长江流域越冬卵于5月上旬孵化，气温低时群集于原卵块上，气温转暖后上芽危害。幼虫6~7龄，自2龄后有昼夜上下树转移习性，一般早晨从树上下来潜伏于树皮、树缝、枯枝落叶等处，傍晚时又上树取食。至6月中下旬幼虫老熟后爬至树皮、树缝、石缝、落叶中结茧化蛹。成虫羽化盛期在6月下旬。雄虫飞翔力强，雌虫体肥大，飞翔力差。有较强的趋光性。

【防治方法】

（1）人工防治 舞毒蛾越冬卵极易发现，在春季幼虫孵化前刮除虫卵。

（2）诱杀幼虫 利用幼虫上下树习性，在树干基部堆石块，诱集幼虫，并在石块上喷50％辛硫磷乳油300倍液，杀死幼虫。

（3）药剂防治 在幼虫发生期，为保护天敌，可向树上喷青虫菌6号悬浮剂、苏云金杆菌悬浮剂500~1 000倍液，或喷洒25％灭幼脲3号胶悬浮液或25％苏脲1号胶悬浮剂1 000~1 500倍液，对幼虫防治效果达90％以上，且对天敌安全。也可喷洒2.5％溴氰菊酯乳油3 000倍液，20％速灭杀丁乳油2 500倍液。

（4）药剂涂干 在5月中旬栗树雄花显现期，刮除老皮，然后涂40％氧化乐果乳油5倍液，涂药后用塑料布包扎。该方法简便、经济，对天敌安全。还可兼治其他害虫。

（5）加强管理 生长季清除栗园杂草，加强土肥水管理，增强树势，减轻幼虫危害。

8. 栗红蜘蛛 栗红蜘蛛分布北京、河北、山东、江苏、安徽、浙江、江西等地，寄主有板栗、锥栗、麻栎、橡等树种，是危害栗树叶片的主要害螨。

【危害状】

栗红蜘蛛以幼螨、若螨和成螨刺吸叶片。栗树叶片受害后呈现苍白小斑点，斑点尤其集中在叶脉两侧，严重时叶色苍黄，焦枯死亡，树势衰弱，栗果瘦小，严重影响栗树生长与栗实产量。

【发生规律和习性】

北方栗产区1年5～9代，以卵在1～4年生枝上越冬，多分布于叶痕、粗树皮缝隙及分枝处。北京地区越冬卵于5月上旬开始孵化，集中孵化时间为5月上中旬。第一代幼螨孵化后爬至新梢基部小叶片正面聚集危害，活动能力较差。以后各代随新梢生长和种群数量的不断增加，危害部位逐渐上移。从6月上旬起种群数量开始上升，至7月10日前后形成全年的发生高峰。成螨在叶面正面危害，多集中在叶片的凹陷处。适宜的发育温度为16.8～26.8 ℃。夏季高温干旱有利于种群的增长，并可造成严重危害。由于红蜘蛛多在叶正面活动，阴雨连绵、暴风雨可以使种群数量显著下降。天敌也是控制红蜘蛛增长的主要因子。

【防治方法】

（1）药剂涂干　栗树开始抽枝展叶时，越冬卵即开始孵化。此期可用40％乐果或氧化乐果乳油5倍液涂干，效果较好。涂药方法是：在树干基部选择较平整部位，用刮刀把树皮刮去，环带宽15～20 cm，刮除老皮略见青皮即可，不能刮到木质部，否则易产生药害。刮好后即可涂药，涂上药后用塑料布包扎。为防治产生药害，药液浓度控制在10％以下。

（2）药剂防治　在5月下旬至6月上旬，往树上喷洒选择性杀螨剂20％螨死净悬浮剂3 000倍液，5％尼索朗乳油2 000倍液，全年喷药一次，就可控制危害。在夏季活动螨发生高峰期，也可喷洒20％三氯杀螨醇乳油1 500倍液，40％水胺硫磷乳油2 000倍液，对活动螨有较好的防治效果。

（3）保护天敌　栗园天敌种类较多，常见的有草蛉、食螨瓢虫、蓟马、小黑花蝽及多种捕食螨，应注意保护。有条件的地区可人工释放西文盲走螨及草蛉卵，开展生物防治。

9. 栗山天牛　栗山天牛属鞘翅目，天牛科，分布于全国各产区，危害栗树、苹果、梨、梅等果树的枝干。

【危害状】

幼虫先蛀食皮层，而后蛀入木质部，纵横回旋蛀食并向外蛀孔通气及排出粪便和木屑，引起枝干枯死，易被风折断。

【发生规律和习性】

2～3年完成1代，以幼虫在虫道内越冬。成虫7～8月发生，多产卵于10～30年生大树、3 m以上部位的枝干上，产卵前先咬破树皮成槽，将卵产于槽内，每槽1粒。幼虫孵出后即蛀食皮层，而后蛀入木质部，纵横回旋蛀食，并向外蛀通气孔和排粪孔，将粪和木屑排出孔外，危害至晚秋在虫道内越冬，翌年4月继续危害，老熟后在虫道端部蛀椭圆形蛹室化蛹，羽化后咬一孔脱出。

【防治方法】

（1）农业防治　成虫发生期捕杀成虫。

（2）药剂防治　在成虫羽化产卵期喷洒80%敌敌畏乳油，90%晶体敌百虫1 000倍液，2.5%溴氰菊酯乳油2 500～3 000倍液等，重点喷洒树干至淋洗状态，毒化树皮，毒杀咬产卵槽的成虫或槽内的初孵幼虫。

10. 栗大蚜　栗大蚜分布于辽宁、河北、河南、山东、江苏、浙江、江西、湖南、四川、广东等省，寄主为栗树、白栎、麻栎等。

【危害状】

成虫和若虫群集在嫩梢、新枝和叶片背面刺吸汁液，影响新梢生长和栗果成熟。

【发生规律和习性】

1年发生1代，以卵在树皮缝隙、翘皮下越冬，树干背阴面较多。第二年3月上树孵化为无翅胎生雌蚜，群集在嫩梢上危害、繁殖。到5月，蚜虫数量增加很快，并产生有翅胎生蚜虫，迁飞到其他枝叶上危害、繁殖，8月，大部分蚜虫群集于嫩枝上或栗蓬刺间刺吸汁液。板栗大蚜的天敌有各种捕食性瓢虫、草蛉、食蚜蝇和蚜茧蜂等。

【防治方法】

(1) 人工防治　在大量发生的情况下，栗树冬剪时注意刮除树皮缝、翘皮下的越冬卵块。

(2) 生物防治　注意保护和利用各种捕食栗大蚜的瓢虫、草蛉等天敌。

(3) 药剂防治　①在虫口基数大的年份，于春季越冬卵孵化期喷药防治。常用药剂有50%敌敌畏乳油1 500倍液，40%乐果乳油1 000倍液，20%杀灭菊酯乳油3 000倍液。②在幼树上，可用40%氧化乐果乳油10倍液，在树干上涂成药环，利用药剂的内吸作用杀死害虫。

11. 栗透翅蛾　栗透翅蛾分布于河北、山东、山西、河南、江西、浙江等栗产区。寄主主要是板栗，也可危害锥栗和毛栗。栗透翅蛾是板栗的一种主要害虫。

【危害状】

幼虫在树干的韧皮部和木质部之间串食，造成不规则的蛀道，其中堆有褐色虫粪。被害处表皮肿胀隆起，皮层开裂。当蛀道环绕树干一周时，导致树体死亡。

【发生规律和习性】

栗透翅蛾1年发生1代，少数地区2年发生1代。多数以2龄幼虫在被害处皮层下越冬。春季气温达3℃以上时出蛰，3月中旬为出蛰盛期。幼虫出蛰后2～5 d即开始取食，5～7月为幼虫危害盛期。幼虫老熟后向树干外皮咬一直径为5～

6 cm的圆形羽化孔，在羽化孔下部吐丝连缀木屑和粪便结茧化蛹。成虫产卵于树干的粗皮缝、伤口和虫孔附近等糙处，产卵盛期为8月下旬。8月下旬开始孵化，一直到10月中旬。初孵幼虫爬行很快，能迅速找到合适的部位蛀入树皮。幼虫危害30 d左右，以2龄幼虫在蛀道一侧或一端做一越冬虫室越冬。

【防治方法】

（1）人工防治和农业防治　①在幼虫孵化期，用刀刮除距地面1 m以内主干上的粗皮，集中烧毁，消灭其中的幼虫和卵，刮皮后最好再喷1次杀虫剂。②发现树干上有幼虫危害时，及时用刀刮除幼虫。③成虫产卵以前在树干上涂白涂剂可阻止成虫产卵。④加强栗树栽培管理，增强树势，避免在树上造成伤口。

（2）药剂防治　在成虫产卵和幼虫孵化期往树干上喷药，可杀死卵和初孵幼虫。常用农药有50%马拉硫磷乳油、50%杀螟松乳油、20%杀灭菊酯乳油等，均用1 000倍液喷布。

（3）生物防治　在成虫产卵期和幼虫孵化期，在栗树上挂糖醋罐诱杀栗透翅蛾成虫。

12. 草履蚧　草履蚧，又名柿草履蚧、草履硕蚧、草鞋蚧壳虫，分布全国各产区，危害栗、樱桃、柿、桃、杏、苹果、柑橘等果树的枝干。

【危害状】

若虫和雌成虫刺吸嫩枝芽、叶、枝干和根的汁液，削弱树势，重者致树枯死。

【发生规律和习性】

1年发生1代，以卵和若虫在土缝、石块下或10～12 cm深的土层中越冬。卵于2月至3月上旬孵化为若虫并出土上树，初多于嫩枝、幼芽上危害，行动迟缓，喜于皮缝、枝杈等隐蔽处群栖，稍大喜于较粗的枝条阴面群集危害；雌若虫5月中旬至6月上旬羽化，危害至6月陆续下树入土分泌卵囊，产卵于其中，以卵越夏、越冬。天敌有红环瓢虫、暗红瓢虫等。

【防治方法】

（1）农业防治　雌成虫下树产卵前，在树干基部挖坑，内放杂草等诱集产卵，后集中处理。为阻止初龄若虫上树，在若虫上树前将树干老翘皮刮除 10 cm 宽一周，上涂胶或废机油，隔 10～15 d 涂 1 次，持续涂 2～3 次，注意及时清除环下的若虫。树干光滑者可直接涂。

（2）药剂防治　若虫发生期喷洒 48％乐斯本乳油 1 500 倍液或 2.5％敌杀死乳油 2 000 倍液，隔 7～10 d 喷 1 次，连续防治 3～4 次。

图1 燕山红栗

图2 燕昌栗

图3 燕丰栗

图4 银　丰

图5 怀　九

图6 怀　黄

图7　北峪2号

图8　燕山魁栗

图9　燕山短枝

图10　遵化短刺

图11　燕山早丰

图12　大板红

图13 东陵明珠

图14 遵达栗

图15 塔 丰

图16 京暑红

图17 短花云丰

图18 短花云丰雄花序

图19 怀 丰

图20 怀 香

图21 燕 兴

图22 烟 泉

图23 红 光

图24 东 丰

图25 金 丰

图26 玉 丰

图27 上 丰

图28 山东红栗

图29 燕 光

图30 黄 棚

图31 黑山寨7号

图32 安徽大红袍

图33 粘底板

图34 安徽处暑红

图35 九家种

图36 青毛软刺

图37　罗田中迟栗

图38　浅刺大板栗

图39　桂花栗

图40　云　红

图41　云　良

图42　云　夏

图43　乌壳栗

图44　垂　栗

图45　虎爪栗

图46　寸　栗